대한민국과 국군

박균열 지음

21세기사

머리말

대한민국이라는 이름이 만들어진 것은 1948년이다. 아직 70년도 안 되는 일이다. 하지만 엄청 오래된 느낌이 든다. 그것은 아마도 대한민국이라는 이름아래 우리 국민들이 너무 많은 일들을 겪었기 때문일 것이다. 경제적인 일만 치자면 노동자들의 중동 진출, 광부와 간호사들의 독일 진출 등이 가장 큰 업적이라고 할 수 있을게다. 동시에, 하지만 더 중요하게 우리가 기억해야 할 일은 6.26전쟁과 베트남전쟁과 관련한 온 국민의 노력이다. 6.25전쟁은 북한 공산집단이 국제 법을 무시하고 무력으로 남침을 감행한 전쟁이다. 건국이후 최대의 국가 위기였다. 이 전쟁은 대한민국의 위기이기도 했고, 세계 자유민주주의의 위기이기도 했다. 그래서 미국을 비롯한 많은 자유 우방국들이 UN의 기치아래 동참하게 된 것이다. 이 역경을 우리 국민과 국군은 선혈로써 지켜냈다. 이 과정에서 학도병, 애국무명용사들의 노력도 결코 잊을 수 없다.

그리고 우리 국군은 자유베트남을 지원하기 위해 베트남전쟁에 참전하게 되었다. 당시 자유베트남의 정치지도자들의 무능과 부패로 인해 전쟁의 최후 승리를 얻을 수는 없었지만, 우리 국군은 소부대 전투의 모범사례를 보여준 바 있다. 또한 우리 국군의 베트남전 파병은 국가의 경제부흥을 위한 중요한 초석이 되었다. 하지만 전투수행과정에서 오인에 의해 민간인 피해자가 발생하는 경우가 있었는데, 우리 국군은 지혜롭게 대응하여 전쟁이 끝나고 나서 국가 간의 교류·협력에 기여할 수 있는 계기를 마련했다. 이러한 평화애호의 문화와 정신은 국제평화유지활동(PKO)에서도 적극 구현되고 있다. 이와 같이 우리 국군은 국가의 위기시마다 목숨을 담보로 맡은 바 임무를 잘 수행해왔을 뿐만 아니라 국민들의 문맹률을 낮추는 등 국민계몽운동에도 큰 기여를 했다.

최근 우리 국군은 새로운 시대적 과제도 안고 있다. 즉 우리사회에 국제결혼이 확산되면서, 다문화 자녀들도 군 공동체에 동참하게 된 일이다. 우리 국군은 그동안 단일 민족과 단일 문화를 중심으로 하는 국가이념을 강조해왔기 때문에 이러한 시대적 조류에 부응해야 하는 과제를 안고 있다. 과거 우리 역사를 놓고 보면 큰 문제될 것도 없다. 일찍이 우리 선조들은 삼국통일과 고려의 건국과정에서도 다문화로 빚어진 어려움을 잘 극복했었다. 역사를 교훈삼아 새로운 과제를 극복해나가야 할 것이다.

이 책 『대한민국과 국군』은 이와 같은 내용을 담고 있다. 이 책은 같이 출판되는 『군인정신과 군 생활』과 함께 몇 년 전 국방부의 『정신교육기본교재』(2013)를 편찬하는 과정에서 수집한 자료들에 기반한다. 이 책에서 인용한 사진과 자료들 중 일부는 인터넷 검색엔진이나 인터넷판 국방일보 기사 등에서 가져왔다. 향후 이 책이 대한민국과 국군을 이해하는 읽을거리로 의미 있게 활용되기를 기대한다. 끝으로 알맞은 크기로 좋은 책을 만들어 준 21세기사에 감사드린다.

2015년 5월

진주 가좌골에서 박균열

목차

제1장

국가와 군대

국가란 "일정한 영토와 거기에 사는 사람들로 구성되고, 주권에 의한 하나의 통치조직을 가지고 있는 사회집단"이라고 할 수 있다.[1] 그리고 군대는 이 국가 안에서 국가를 수호하는 무력집단이라고 할 수 있다. 따라서 국가 없는 군대 없고 군대 없는 국가 없다. 그런 측면에서 국가와 군대는 공동운명체이다. 군은 국가 수호를 기본 사명으로 하며, 이를 위해 최선을 다해야 한다.

1 고영복 편, 『사회학사전』, (서울: 사회문화연구소, 2000).; 정치학대사전편찬위원회, 『정치학대사전』, (서울: 아카데미아리서치, 2002), pp.148-151.; 이희승, 『국어대사전』, (서울: 민중서림, 2011). '국가' 참조. 이 외에도 국가는 정당한 폭력 사용의 독점을 지배함으로써 영토에 대한 규칙을 제정하는 주장을 당연히 가지는 조직을 말한다.

현재 세계에는 70억이 넘는 사람들이 250여개 나라에서 각각 자기 나라에 대한 긍지를 가지면서 살아가고 있다.[2] 오늘날 지구상에 존재하고 있는 여러 나라들은 그 성격이나 형태가 매우 다양하다. 그 중에는 거대한 연방 국가가 있는가 하면 작은 도시 국가도 있다. 강대국이 있는가 하면 약소국도 있고, 선진국이 있는가 하면 후진국도 있다. 이러한 국가형성 과정을 살펴보면 나라는 저절로 생겨나는 것이 아니고 그것을 필요로 하는 사람들에 의해서 만들어지는 것이라고 할 수 있다. 다시 말해서 사람들이 자신들의 안전과 행복을 증진시키기 위하여 나라를 만드는 것이다. 동시에 사람들이 국가 안에서 안전하게 사는 것이 가능하도록 뒷받침해주는 기관이 바로 군대라고 할 수 있다.

우리는 대한민국 국민의 일원으로서, 또한 대한민국을 지키는 군인으로서 우리나라는 어떠한 나라인가를 분명히 인식할 필요가 있다. 그러한 차원에서 국가란 무엇이며, 어떠

2 U.S. & World Population Clocks, World 7,053,680,329, Nov 21, 2012. (출처: http://www.census.gov/main/www/popclock.html, 검색: 2012.11.22)

한 기능을 하는가, 그리고 우리가 살고 있는 대한민국은 어떤 나라인가를 살펴보고, 대한민국 국민이자 군인으로서 어떠한 마음가짐과 자세를 견지해야 할 것인지에 대해 살펴보고자 한다.

1. 국가의 기능과 역할

국가의 기능과 역할을 말하기에 앞서 먼저 국가란 무엇인가를 설명하면 "일정한 영토와 거기에 사는 사람들로 구성되고, 주권에 의한 하나의 통치조직을 가지고 있는 사회집단"이라고 할 수 있다.[3] 대한민국 헌법 총강에 의하면 국가의 요소는 영토 · 국민 · 주권으로 구성되어 있는데, 이 중 어느 한 가지만 없어도 국가는 형성될 수 없다.[4] 첫째 요소는

---

3 고영복 편, 『사회학사전』, (서울: 사회문화연구소, 2000).; 정치학대사전편찬위원회, 『정치학대사전』, (서울: 아카데미아리서치, 2002), pp.148-151.; 이희승, 『국어대사전』, (서울: 민중서림, 2011). '국가' 참조. 이 외에도 국가는 정당한 폭력 사용의 독점을 지배함으로써 영토에 대한 규칙을 제정하는 주장을 당연히 가지는 조직을 말한다.

4 대한민국헌법(헌법 제10호 전부개정 1987.10.29). 제1장 총강. 제1조 ① 대한민국은 민주공화국이다. ②대한민국의 주권은 국민에게 있고, 모든 권력은 국민으로부터 나온다. 제2조 ①대한민국의 국민이 되는 요건은 법률로 정한다. ②국가는 법률이 정하는 바에 의하여 재외국민을 보호할 의무를 진다. 제3조 대한민국의 영토는 한반도와 그 부속도서로 한다.

국민의 생활공간인 '영토'이다. 모든 나라는 크건 작건 간에 일정한 영토를 가지고 있으며, 영토의 보전(保全)을 나라의 가장 중요한 목표로 삼고 있다. 영토는 국토라는 구체적인 의미보다 더 큰 상징적인 의미도 있다. 한 나라의 영토는 그 나라 국민들의 생활공간이고, 그 나라 선조들의 피와 땀이 어린 곳이며, 그 후손들이 살아갈 미래의 터전이기 때문이다.

둘째 요소는 영토 위에서 생활하고 있는 '국민'이다. 한 나라의 국민은 그 나라의 국적(國籍)을 가진 사람으로서, 나라의 유지와 발전에 매우 중요한 요소이다. 국민은 인구 그 자체도 중요하지만, 교육이나 문화수준과 같은 질적인 면과 인종, 언어, 종교와 같은 국민의 동질성도 매우 중요하다.

셋째 요소는 '주권'이다. 주권이란 나라를 다스리는 최고 권력을 말하는 것으로, 나라 안에 있는 어떤 개인이나 단체에 대해서도 최고의 힘을 발휘한다. 나라가 주권을 가지고 있다는 것은 다른 나라에 대해서 하나의 독립된 나라임을 나타내는 것이다. 그러나 주권은 단순히 나라를 다스리는 최고 권력만을 뜻하는 것이 아니다. 주권은 조상들이 오랫동안 살아 온 방식이나 인간관계를 그대로 유지하면서 외부로부터의 어떤 간섭도 받지 않고 한 국가가 스스로의 운명을 결정할 수 있는 힘과 권리를 의미한다.

가. 삶의 터전 제공

국가의 기능 중 가장 중요하고 본질적인 기능은 바로 국민에게 삶의 터전을 제공해주는 기능이다. 이러한 기능을 발휘하려면 먼저 국민 개인의 자유와 안전을 보장해 주어야 한다. 다시 말해서 국민들에게 안심하고 생업에 열중하면서 살아갈 수 있는 삶의 터전을 제공해주는 기능이다. 그런 면에서 아덴만 여명작전은 우리의 대한민국의 소중한 경제자산과 국민을 구출하고 보호한 대표적 사례라고 할 수 있다.[5] 이 작전만을 위해서는 군대만 동원되었지만, 다양한 외교적인 조치와 국가정보력의 확보 등이 동시에 이루어졌다. 그 중에서도 군대가 제반 위험에도 불구하고 국가기관의 하나

5 아덴만 여명 작전: 2011년 1월, 대한민국 해군 청해부대가 소말리아 해적에게 피랍된 대한민국의 삼호해운 소속 선박 삼호 주얼리호(1만 톤급)를 소말리아 인근의 아덴 만 해상에서 구출한 작전이다.

로서 중요한 역할을 수행하게 된다.

| 아덴만 여명작전 전 적비, 2012.1.19.

국가의 기능과 역할에서 가장 중요한 것이 자국의 국민을 안전하게 보호하는 것이다. 그런데 외부의 적으로부터 영토와 주권을 보호하는 국가안보적 기능이 있어야 하고, 대내적으로 국민의 생명과 재산을 보호하고 사회질서를 유지하는 치안 유지 기능을 동시에 수행해야 한다. 국가는 평상시에는 경찰과 소방 인력을 통해서 이러한 기능을 수행하지만,

비상시에는 전시가 아닐 경우에도 계엄법에 따라 군대를 동원해서 그 기능을 수행할 수도 있다.

나. 국민의 삶의 질 향상

국가의 2차적 기능은 경제 · 사회 · 문화 등의 제 분야에서 공공복지사업을 증진시켜 국민의 삶의 질을 향상시켜 주는 것이다. 삶의 질이란, 만족감, 안정감, 행복감 등의 주관적 평가의식을 규정하는 복합적인 요인을 말한다. 예를 들어, 이러한 요인들 중 하나는 생활환경이 되기도 하지만, 환경 요인에 관련된 의식적 요인과 물적 요인의 복합체를 삶의 질이라고 보아야 한다. 특히 현대 복지 국가는 대부분 사회 구성원의 삶의 질을 향상시키는 것을 목표로 하고 있다. 그런데 물질적 풍요는 인간다운 삶의 필요조건이 될 수는 있어도 충분조건이 되지는 못한다. 이 때문에 국민들의 삶의 질을 향상시키기 위해서는 양적인 팽창과 소비의 풍요에서 정신적 만족과 자연의 조화를 꿈꾸는 삶으로 변화시키려는 노력이 필요하다.

삶의 질을 결정하거나 나타낼 수 있는 객관적인 요소로는 경제적 수준을 나타내는 1인당 국내 총생산(GDP), 경제 성장률 및 물가 상승률, 건강과 보건의 보장정도, 교육과 학습의 정도 및 환경, 고용 및 근로 생활의 질 등이 있으며, 주관적인 요소로는 개인의 만족감이나 행복감을 가져오는 것으로는 원만한 대인 관계나 사랑과 존경의 욕구 실현, 삶의 목표를 추구해 가는 진취적인 정신 등을 꼽을 수 있다. 결국 삶의 질을 향상시키기 위해서는 환경과 복지를 중시하는 질적인 경제 성장을 추구하면서, 소득의 공정한 분배와 국민들의 최저 생활의 보장이 실현되고, 인권 보장이 이루어져야 할 것이다. 또한 국민들이 능동적이고 주체적인 삶을 추구하여 사회 구성원들이 개성을 발휘하고 자아를 실현할 수 있게 된다면 참다운 복지 사회를 이루고 삶의 질을 향상시킬 수 있을 것이다.

따라서 국가는 우리에게 삶의 터전을 제공해주고, 행복의 제요소를 제공해 줄 뿐만 아니라, 각자의 이상을 실현토록 보장해 주는 것이다. 우리는 그 동안 난민(難民)들의 실상들을 많이 보고 또 들어왔다. 그들은 나라가 망하거나 또는 정치적인 박해, 인종차별, 생활의 어려움 등으로 이 나라 저 나라로 떠도는 사람들이다. 우리나라도 한때 국가의 기능을 제대로 수행하지 못해 국권을 빼앗긴 적이 있었다. 국가의 국권수호라는 1차적 기능이 발휘되지 못하면 국민의 삶의 질을 향상시켜주는 2차적 기능은 당연히 실현될 수 없게 된다. 우리 군은 국가의 1차적 기능이 유지될 수 있도록 책임지고 있는 기관이다.

따라서 슬기롭고 강한 군대를 육성하는 것은 그 자체가 국가의 번영을 위한 전제조건이 된다. 그래야만 국민들이 마음 놓고 전 세계를 대상으로 마음 놓고 자신들의 삶의 질적 수준을 향상시킬 수 있을 것이다.

2. 군대의 기능과 역할[6]

가. 합법적 무력사용

군대는 개인이 통제하는 일반사회와는 달리 국가기관으로서, 국가의 평화상태를 보위하고 국민의 생명과 재산을 보호하는 차원에서 국가로부터 합법적인 무력사용 권한을 위임받아 행사하는 국가안보의 군사적 책임을 받고 있다.

대한민국 헌법 제74조에는 "대통령은 헌법과 법률이 정하는 바에 의하여 국군을 통수하다"고 명시되어 있다. 그러므로 대통령은 국가보위를 위해 필요하다고 판단될 경우, 국가의 이름으로 무력을 사용하거나 군인들로 하여금 국가를 위해 헌신하게 한다.

국가가 위험에 처했다고 하더라도 무력을 아무나 아무렇게나 사용할 수는 없다. 마치 우리가 몸이 아프다고 해서 아

6 국방부, 『(교관용 교육지도서) 국군정신교육 기본교재』, 2008, pp.319-327 참조.

무에게나 아무렇게 치료를 받지 않는 것과 마찬가지이다. 몸이 아프면 병원의 의사의 도움을 받듯이 국가가 위험에 처하게 되면 무력사용을 합법적으로 할 수 있는 군대의 도움을 받게 된다. 또한 처한 상황이 매우 급박할 경우, 즉 군대만의 노력으로도 국가의 안전을 보장할 수 없을 때에는 일반국민들의 성원과 참여를 통해 군대의 능력을 보완할 수도 있다.

이와 같이 군대가 국가의 평화와 번영을 위해 무력을 행사하는 것은 국제법적으로도 명확한 전쟁법(읽기자료 참조)에 의해야 하며, 무엇보다도 군인들이 그 무력을 아무렇게나 행사하지 않도록 고도의 전문적인 훈련을 받게 된다는 점이다.

나. 평화구현을 위한 적극적 임무 수행

모든 국민은 각자 개인의 능력과 기능, 소속기관의 임무와 책임에 따라 사회에 봉사하고 상호 협력을 통해 평화적 상태를 유지해나간다. 이러한 국가의 평화상태를 계속해서 유지하기 위해서는 외적의 침략이 없어야 하고 내란이 없어야 한다. 그런데 이러한 외적 침략과 내분이 발생했을 경우, 적법한 절차에 의해 그 평화상태를 회복하기 위한 조치가 필요하다. 즉 외적의 침략에 대항하기 위해서는 전쟁과 같은 적극적 임무가 요구되고, 내란이 발생했을 경우 계엄이나 그에 준하는 임무를 수행해야 한다. 하지만 이와 같은 내외적인 어려움이 없다고 하더라도 국가의 평화구현을 위해 군대가 존속하는 것은 예방적 효과가 있다.

3. 국가와 군대의 관계

국가와 군대는 공동운명체이다. 그 군대를 유지하는 가장 중요한 요소가 군인이다. 국가가 존속하는 데 있어서 군대가 가장 우선적으로 해야 할 일은 국가의 주권과 영토를 지키는 것이다. 국가는 군인에 의해 만들어진 것이 아니지만, 군인이 없으면 국가는 언제든지 사라질 수 있다.

과거 우리는 이를 지키지 못해 군대가 해산되는 역사적 비통함을 겪어야 했다. 이른바 일본인에 의한 군대해산[7]이 바로 그것이다. 1907년 8월 1일, 일본인들은 군대해산 때 생길 한국군의 무력항쟁을 예상하여 한국군에게 금족령을 내린 후 화약과 탄약고부터 접수하였으며, 일본군을 증파하고 총기 6만정으로 무장한 후 순종으로 하여금 군대해산조칙(軍

7 군대해산(軍隊解散): 1907년 8월 1일, 대한제국군 군대를 해산시킨 일. 1907년 7월 31일, 순종으로 하여금 군대해산조칙(軍隊解散詔勅)을 내리게 하여 8월 1일 서울에서부터 결행하였다. 부대의 각 대대장은 해산 내용을 중대장들에게만 알리고 사병에게는 일체 비밀에 붙인 채 훈련원에서 도수연습(徒手練習)이 있다는 명목으로 전 사병 무장해제 후 10시까지 집합하라는 명령을 내리게 되었다. (Naver 백과)

隊解散詔勅)을 내리게 하여 8월 1일 서울에서부터 해산식을 시작하였다. 이에 일본은 해산식 참석 군인들의 억울함을 달래기 위해 소위 은사금을 지급하였다. 그러나 해산식의 군인들은 울분이 복받쳐 주먹을 쥐고 이를 갈며 땅을 치고 통곡하며 지폐를 찢어버리는 등 해산식장은 아수라장이 되었다. 특히 시위대 대대장 박승환 참령은 "군인으로서 나라를 지키지 못하고 신하로서 충성을 다하지 못하니 죽어 마땅하다"라는 유서를 남기고 권총으로 자결하였다. 이를 계기로 구한말의 본격적인 의병전쟁이 불붙기 시작했다.

이렇듯 군대는 국가와 운명을 같이 하는 국가의 기관이다. 따라서 국가를 지키는 군대를 조직하는 것은 마땅히 그 국가의 주인인 국민 각자의 몫이다. 이것이 국민의 의무이다. 국민의 권리에는 의무가 따르는 것이 민주주의 원칙이다. 국가를 수호하는 국방의 의무도 국민 전체가 지는 것이 당연한 도리인 것이다.[8]

8 병역에 대한 의무는 헌법 제39조 참조. 대한민국헌법(헌법 제10호 전부개정 1987.10.29), 제39조 ①모든 국민은 법률이 정하는 바에 의하여 국방의 의무를 진다.

4. 우리나라 대한민국은 어떤 나라인가?

우리가 살고 있는 대한민국은 어떤 나라인가? 여기서는 오늘날 우리가 어떤 체제에 살고 있으며, 우리나라를 구성하고 있는 요소, 즉 영토 · 국민 · 주권의 의미를 살펴보고, 나아가 우리민족의 혼과 정신이 깃들어 있는 상징인 태극기 · 애국가 · 무궁화 등에 대해 알아봄으로써 우리나라 대한민국에 대한 자긍심을 바탕으로 국가와 군대 그리고 군인으로서의 나와의 관계를 올바로 정립하고자 한다.

가. 대한민국의 국가형태

우리나라 헌법 제1조 제1항에서는 '대한민국은 민주공화국이다'라고 규정하고 있다. 즉 대한민국은 자유민주주의 이념과 시장경제체제를 기반으로 하는 민주공화국인 것이다.[9]

9 자유민주주의와 시장경제체제에 대해서는 헌법 제4조 및 제119조 참조. 대한민국헌법(헌법 제10호 전부개정 1987.10.29), 제4조 대한민

우리나라 민주주의의 역사는 매우 짧다. 일제 강점기에 3·1 운동을 통해 표출된 민족·민주의식이 대한민국임시정부의 헌법에 살아 있다가, 해방 후 공산주의 세력의 거센 도전을 물리치고 자유민주주의체제를 헌법에 명시적으로 규정한 것이다.

우리나라는 1948년 8월에 정식으로 정부를 수립하여 대한민국이라는 국호로 출범하였다. 그 기쁨도 잠시, 1950년 우리 민족사상 최대의 비극인 6·25전쟁을 겪으면서 국토는 황폐화 되었고 절망의 땅으로 변해버렸다. 그러나 우리의 부모와 선조들은 결코 좌절하지 않았다. 다시 일어서서 폐허가 된 나라를 일으켜 세우면서 민주주의를 발전시켜 왔던

국은 통일을 지향하며, 자유민주주의 기본질서에 입각한 평화적 통일 정책을 수립하고 이를 추진한다. 제119조 ①대한민국의 경제 질서는 개인과 기업의 경제상의 자유와 창의를 존중함을 기본으로 한다. ② 국가는 균형 있는 국민경제의 성장 및 안정과 적정한 소득의 분배를 유지하고, 시장의 지배와 경제력의 남용을 방지하며, 경제주체간의 조화를 통한 경제의 민주화를 위하여 경제에 관한 규제와 조정을 할 수 있다.

것이다. 특히 우리나라는 근대화를 추구하면서 개방적 시장경제, 즉 시장원리와 사유재산제도를 유지하면서도 국가주도의 경제발전계획을 수립하여 강력하게 추진해왔다. 그리고 우선적으로 발전시킬 전략산업 분야를 정하고 국내외적으로 가용한 모든 자원을 총동원해 해당분야에 집중적으로 배분하는 방식으로 경제발전을 이끌었다. 이것이 바로 서구 선진국들이 200년 이상 걸려 이뤄낸 근대화를 우리는 불과 50여년 만에 해낼 수 있었던 원동력이 되었다. 이처럼 대한민국은 짧은 기간 동안에 산업화를 기반으로 선진화를 향해 힘차게 달려가고 있다. 동시에 이러한 경제발전을 토대로 고품격의 민주화를 이뤄내고 있다.

나. 국가 구성요소로 본 대한민국

하나의 국가가 국가로서 존립하기 위해서는 영토, 국민, 주권이라는 요소를 갖추어야 한다. 대한민국의 구성요소인 영토, 국민, 주권은 다음과 같다.

우선 대한민국을 구성하는 첫 요소는 영토이다. 우리나라 헌법 제3조는 "대한민국의 영토는 한반도와 그 부속도서로 한다."고 명시되어 있다. 이 조항은 우리나라 국가 영역의 한계를 규정한 것이면서 동시에 한반도 문제와 관련하여 중대한 의미를 내포하고 있다. 국제법상의 원칙에 따르면 한 나라의 영역은 그 나라의 국가권력이 미치는 공간적 범위에 한정되어야 한다. 그런데 대한민국의 국가권력은 휴전선 이북 지역에는 미치지 못하고 있는 것이 현실이다. 그럼에도 불구하고 우리 헌법에 이렇게 규정되어 있는 것은, 대한민국의 영역은 우리 민족이 대대로 누려온 삶의 터전을 기초로 하고 있음을 의미하며, 대한민국이 민족사의 명맥을 이어 받아 그 영토를 정했음을 의미한다. 또한 건국 당시 유엔에서 승인한 한반도의 유일한 합법정부는 대한민국뿐이라는 사실을 의미한다.

역사적으로 우리나라는 만주지역을 포함하여 광활한 영토를 제패한 적이 있었다. 고조선과 고구려의 영토가 그랬고, 해동성국 발해의 융성했던 시대가 그랬다. 이들은 모두 우리 조상들의 활동 영역과 진취적인 기상을 잘 증언해 주고 있다. 오늘날 중국이 소위 동북공정[10]을 통해서 고조선과 고구려, 발해의 역사를 중국역사의 일부로 편입시키려 하고 있고, 일본이 독도영유권을 주장하고 있는 등 외부적인 도전을 감행하고 있는 현실에서, 우리는 확고한 역사의식을 바탕으로 이에 대비해 나가야 할 것이다.

둘째, 대한민국을 구성하는 요소는 국민이다. 대한민국의 국적을 취득한 사람은 민족과 종족, 문화와 종교에 관계없이 대한민국의 국민이다. 이러한 국민은 국민주권의 원리에 입각하여 대한민국 헌법상의 지위를 갖게 되며, 어떠한 이

---

10 동북공정(東北工程): 중국이 자국의 국경 안에서 일어난 모든 역사를 중국 역사로 편입하려는 연구. 동북변강역사여현상계열연구공정(東北邊疆歷史與現狀系列研究工程)의 줄인 말로, '동북 변경지역의 역사와 현상에 관한 체계적인 연구 과제'를 뜻한다. 이 연구를 통해 중국은 고구려의 역사를 중국역사로 편입하려고 시도하고 있다. 즉, 중국은 한족(漢族)을 중심으로 55개의 소수민족으로 성립된 국가이며 현재 중국의 국경 안에서 이루어진 모든 역사는 중국의 역사이므로 고구려와 발해의 역사 역시 중국의 역사라는 주장이다. 동북공정에서 한국 고대사에 대한 연구는 고조선과 고구려 및 발해 모두 다루고 있지만 가장 핵심적인 부분은 고구려이다. 즉 고구려를 고대중국의 지방민족 정권으로 주장하고 있다. (Naver 백과)

유에서건 차별대우를 받지 않는다. 우리는 국민 개념과 관련하여 열린 자세를 가질 필요가 있다. 즉 세계화·정보화가 빠르게 진전되면서 외국인이 귀화하여 우리나라의 국민이 되었을 때 그들을 따뜻하게 품어주고 환영해야 한다. 우리 국민 또는 민족 역시 이민을 가서 다른 나라의 국적과 시민권을 취득하는 경우가 있기 때문이다. 또한 통일에 대비하여 그들이 민족의 소원을 이루는데 일조할 역군이어야 하기 때문이다. 그리고 대한민국의 발전을 위해 그들이 가진 역량이 발휘될 수 있도록 도와 다함께 사람답게 살아야 하기 때문이다. 따라서 우리 국토에 살고 있는 혈족이나 동포만 생각하는 데서 한걸음 더 나아가, 대한민국 국적을 취득한 외국 출신을 모두 포함하여 그들과 더불어 국민의식과 국민정신을 공유해야 한다.

한편, 오늘날 대한민국 국민은 세계 어떤 나라의 국민들보다도 우수하다. 이는 높은 교육열과 문화수준, 그리고 고도의 인적 자원과 근면성 등이 있었기에 자원이 빈약한 나라임에도 불구하고, 세계인으로부터 존경받을 정도로 놀라운 발전을 할 수 있었다. 따라서 우리는 스스로 대한민국 국민으로 태어난 것을 자랑스럽게 생각하면서 대한민국의 구성원이자 주인으로서의 의식을 바탕으로 일류 선진 국가를 만들어나가야겠다.

셋째, 대한민국을 구성하는 요소는 주권이다. 우리나라 헌법에 있어서 주권과 통치권의 관계에 관한 규정은 헌법 제1조 제2항에 있다. "대한민국의 주권은 국민에게 있으며, 모든 권력은 국민으로부터 나온다.라고 할 때, '주권'의 본래의 의미는 국가의사를 전반적 · 최종적으로 결정할 수 있는 최고권력, 즉 헌법 제정 권력을 의미한다. 그리고 '모든 권력'은 국민의 선거와 투표에 의하여 위임받고 국민이 선택한 헌법에 연원하는 권력, 즉 통치권을 의미한다. 우리나라에 있어서 모든 국가권력은 그것이 주권이든 통치권이든 상관없이 국민으로부터 나온다는 사실은 의심의 여지가 없다.

또한 주권은 다른 나라에 대하여 하나의 독립된 나라임을 나타낸다. 우리나라는 역사적으로 주권을 빼앗겼던 경험이 있다. 일제 강점기 35년간 우리 조상들은 주권을 잃고 노예와 같은 삶을 살아야 했다. 주권을 잃으면 모든 것을 잃게 되는 것이다. 이런 측면에서 볼 때, 우리 군이 국민의 생명과 재산을 지킨다는 것은 바로 이 주권을 외부의 위협으로부터 지켜내는 것을 의미한다. 따라서 우리는 오늘날 국제사회에서 '영원한 우방도 영원한 적도 없다'는 냉혹한 현실을 직시하고, 대한민국 주권을 지키는 수호군 으로서의 사명을 다해야 할 것이다.

다. 대한민국의 국가상징

국가상징이란 국제사회에 한 국가가 존재한다는 사실을 알리기 위해 자기 나라를 잘 알릴 수 있는 내용을 그림·문자도형 등으로 나타낸 공식적인 징표로서 국민적 자긍심의 상징이라 할 수 있다.[11] 국가상징은 어느 한 순간에 인위적으로 만들어진 것이라기보다는 오랜 세월동안 국가가 형성되는 과정에서 그 나라의 역사·문화·사상이 스며들어 자연스럽게 국민적 합의가 이루어져 만들어진 것이다. 따라서 국가

11 행정안전부, 국가상징 알아보기 참조(2012.11.28. 검색.) (http://www.mopas.go.kr/gpms/view/korea/korea_index_vm.jsp?cat=bonbu/chief&menu=chief_06_04)

상징은 연령 · 신분의 고하, 빈부의 격차에도 불구하고 그 나라 국민이면 누구도 부정할 수 없으며 누구나 공감하고 하나가 될 수 있는 최고의 영속적인 가치를 갖는다.

한 나라의 상징물은 일반적으로 국기(國旗) · 국가(國歌) · 국화(國花) 등 3가지를 일컫는다. 우리나라는 태극기와 애국가, 무궁화를 나라의 상징으로 삼고 있다. 우리나라의 國旗인 태극기는 1882년 박영효가 일본 수신사로 갔을 때 처음 사용되었고, 이듬해인 1883년에 고종임금이 태극 4괘가 그려진 기를 국기로 사용한다고 왕명으로 공포함으로써 태극문양이 우리나라 국기로 확정되었다.

태극기는 공식적으로 사용되었음에도 불구하고 시대별로 소장자나 소속기관의 성격에 따라 조금씩 달리 문양을 표기하는 방식으로 사용되었다.[12]

---

12 행정안전부, 『태극기』, 2012, p.3.

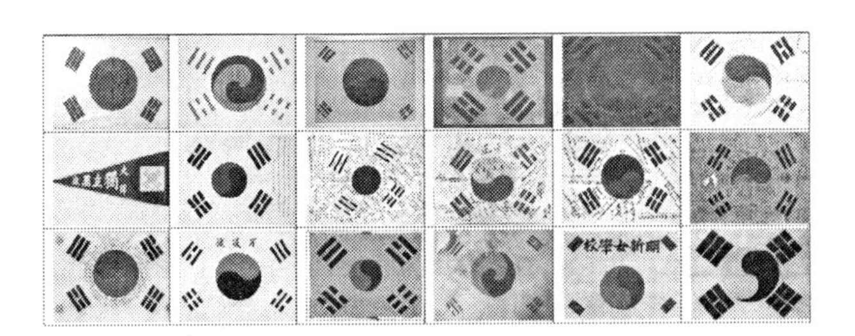

문화재 등록 태극기 18점(문화재청 고시)

우리나라 국기는 처음엔 '조선국기'로 불렸으나, 한일합방 이후 일제의 탄압으로 쓰지 못하다가 3·1운동 당시에는 일본이 알아차리지 못하도록 하기 위해 '태극기'로 불렸고, 상해 임시정부 시절에도 사용되다가 오늘에 이르게 된 것이다. 우리의 태극기는 기본적으로 가로와 세로의 비율이 3대 2이며, 팔 궤를 생략하여, 3, 4, 5, 6의 궤와 태극문양으로 이루어져 있다. 다음은 태극기 제작법을 그림으로 나타낸 것이다.[13]

13 위의 책, p.5.

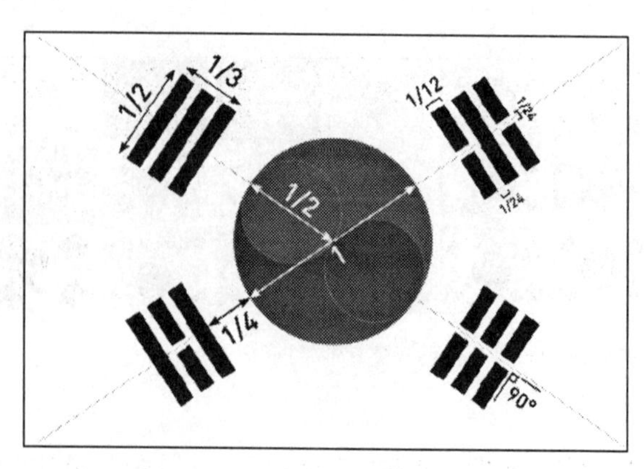

| 태극기 제작법

우리나라의 애국가는 원래 여러 종류였는데 그 가운데 조선시대 말에 이르러 지금 부르는 애국가의 가사가 굳어졌다.[14] 여러 곡에 가사만 붙여 부르다가 1936년 독일에 유학하

14 애국가(愛國歌): 나라에 대한 사랑을 일깨우고 다짐하기 위하여 온 국민이 부르는 노래. 나라마다 애국가가 있으며 한국은 10여 종의 애국가 중에서도 1896년 11월 21일 독립문 정초식에서 불린 애국가의 후렴 "무궁화 삼천리 화려 강산 죠션 사람 죠션으로 길이 보죤 답세"가 지금도 맥을 잇고 있다. 한국 국가에 준용되는 애국가는 작사자 미상이며, 16소절의 간결하고 정중한 곡으로 1930년대 후반 안익태(安益泰)가 빈에

고 있던 작곡가 안익태 선생이 ≪코리아환상곡≫이란 교향곡을 작곡하면서 테마음악으로 애국가의 곡을 작곡하였고, 이 애국가가 광복 후 대한민국정부가 수립되면서 국가로 제정 되었다. 안익태 선생이 애국가의 가사를 처음 접한 것은 3·1운동 때였고, 그 뒤 애국가가 스코틀랜드 민요인 '이별의 노래'의 곡조에 붙여 불리는 것을 안타깝게 생각하여 직접 작곡한 것으로 전해진다. 이처럼 외세의 억압으로부터 민족의 독립과 자주의식을 함양하기 위해 불리던 애국가가 오늘에 이르기까지 대한민국의 國歌로서 국민들에게 애창되고 있다.

무궁화는 예로부터 상당히 광범위한 지역에 관상수로 재배되어 왔고, 우리 겨레의 민족성을 나타내는 꽃으로 인식되면서 자연스럽게 나라꽃으로 인정받고 있다. 우리나라를 예부터 '근역(槿域: 무궁화가 자라는 땅)' 또는 '무궁화 삼천리'라 한

서 유학 중 작곡한 것을 1948년 8월 15일 대한민국 정부수립과 함께 국가로 제정하였다. 2005년 3월 16일 안익태의 부인인 로리타 안이 애국가의 저작권을 한국 정부에 기증하였다. (두산백과 참조.)

것으로 보아 선인들도 무궁화를 몹시 사랑하였음을 짐작할 수 있다."라고 되어 있다. 이처럼 무궁화는 우리 국민과 애환을 같이하며 겨레의 얼과 민족정신을 상징하는 꽃으로 확고히 부각되었고, 고통 속의 민족에게 꿈과 희망을 심어주며 역사와 더불어 자연스레 겨레의 꽃으로 자리 잡게 되었던 것이다.

5. 군인으로서의 올바른 국가관

가. 군인에게 있어서 국가는 무엇인가?

군인이 자신과 국가의 관계를 어떻게 설정하는가 하는 문제는 매우 중요하다. 그런데 군과 국가의 관계는 다른 직업군, 즉 일반인들이 국가와 맺는 관계와는 다른 특징을 갖고 있다. 첫 번째 특징은 국가는 군이 존재하는 전제조건이면서 동시에 군 임무수행의 최종적 목표가 된다는 것이다. 예를 들어 의사는 국가를 전제하지 않고도 그 의미를 찾을 수 있다. 사람이 있는 곳에 질병이 있고, 질병이 있는 곳에 그것을 치료할 사람이 필요하다. 의사의 목표는 오로지 질병을 치료하는 것이다. 그러나 군인은 국가에 의해서만 그 존재의의가 생긴다. 또한 군의 임무수행 목표는 국가 그 자체이다. 다른 어떤 것도 국가를 보위한다는 군의 목표를 대체할 수 없다. 따라서 국가가 소멸하더라도 의사는 그 존재의의를 크게 상실하지 않을 수 있으나, 군대는 국가와 함께 소멸한다. 그렇기 때문에 군과 국가를 공동운명체라고 말하는 것이다.

두 번째 특징은 국가로부터 보호받는 것보다 오히려 그것을 보호하고 지켜야 한다는 것이다. 우리나라 헌법 제39조 1항에는 "모든 국민은 법률이 정하는 바에 의하여 국방의 의무를 진다."고 명시되어 있다. 국방의무는 외부의 침략으로부터 국가를 지키고 국민의 생명과 재산을 보호하는 의무이다. 이러한 국방의무를 국민이 모두 지는 것이 당연하나 실제적으로 의무를 수행할 때는 군대가 국민으로부터 그 모든 의무와 책임을 위임받아 대표적으로 국방의 임무를 수행한다. 다시 말해서 예나 지금이나 국가의 가장 중요한 기능으로서 변함이 없는 것은 '국민의 생명과 재산을 외부위협으로부터 지키는 것'이다. 그런데 그 기능을 직접 수행하는 것이 바로 군이라는 사실이다. 그것은 국가가 국민들을 보호하는 가장 강력한 수단인 무력을 군에게 위임했기 때문이다. 또한 군은 실체로서의 국민들을 보호할 뿐만 아니라, 국가를 존재하게 하는 요소 중의 하나인 주권을 지킴으로써 국가 자체를 보호한다.

나. 국가관이 확립된 군인

군과 국가의 관계는 특수하며 운명공동체라고 할 수 있다. 그렇다면 국가를 수호하는 군인으로서 우리는 국가에 대해 어떤 자세를 견지해야 하는가? 당연히 내 나라는 내가 지킨다는 국가수호의식을 지니는 것이 최우선이다.

일찍이 안중근 의사는 1909년 10월 대한제국 침탈의 원흉인 이토오 히로부미(伊藤博文)가 중국을 방문한다는 소식을 듣고 그를 저격하기로 결심하고 10월 26일 일본인으로 가장하여 하얼빈 역으로 들어갔다. 권총으로 이토오 히로부미를 사살하는데 성공한 안중근 의사는 대한독립만세를 세 번 외치고 일본 관헌에게 스스로 체포되었다. 안 의사는 일본 법정에서 대한독립의 정당성을 주장하고 일제침략과 그 죄상을 낱낱이 비판하였다. 1910년 3월 26일 일제에 의해 사형이 집행되는 순간까지 안 의사는 그 당당하고 의연한 자세를 잃지 않았다. 특히 "국가를 위해 몸을 바치는 것은 군인의 본분"(爲國獻身 軍人本分)이라는 오늘날의 우리 군인들에게도 큰 귀감이 된다. 또한 군인이 왜 싸워야 하느냐에 대한 기준도 명확

했다. 국가의 평화를 유지하려는 것이다. 그리하여 그는 사형 집행을 기다리는 동안 ≪동양평화론≫을 저술하기도 했다.

| 경기 파주시 적성면 답곡리 인근 적군묘지의 북한군 묘지 전경

국가관이 명확한 군인은 국가가 부여한 어떠한 임무에 대해서도 망설임이 없다. 비록 그러한 군인은 자신의 나라가 아닌 타국을 위해서 전쟁을 수행한다고 하더라도 국가가 명령할 경우 기꺼이 수용하고 자신의 임무를 다한다. 군의관으로서 적국의 포로들을 치료하다 임지인 거제도 포로수용소에서 1951년 9월 27일 순직한 제널드 마틴(Gerald A. Martin) 미 해군 대위, 경기도 파주에 위치한 적군의 무덤(일명 '적군

묘지')을 관리해주는 국군의 모습 등은 자신의 개인적인 선호를 기준으로 하는 것이 아니라 국가가 부여하는 임무를 중심에 두는 올바른 군인관이라고 할 수 있다.

또한 6 · 25 전쟁 당시 장진호 전투에 참가했던 윌리엄 해밀턴 쇼(한국명 서위렴) 해군대위도 좋은 본보기가 된다. 그는 미국인 선교사의 아들로 태어나 평양에서 고등학교를 마쳤다. 쇼 대위는 2차 대전 당시 해군장교로 1945년 노르망디 상륙작전 등에 참전했으며 2년 뒤에 전역했다. 이후 우리나라 광복 후에는 해군사관학교에서 영어와 함정 운용술 교관으로 근무하는 등 우리나라 해군 창설에 많은 도움을 주었다. 전역 이후 하버드대에서 철학박사 학위 과정을 밟고 있던 그는 6 · 25 전쟁 발발 소식을 접하게 되었다. 이에 그는 "지금 한국 국민이 전쟁 속에서 고통당하고 있는데 이를 먼저 돕지 않고 전쟁이 끝난 후 평화가 왔을 때 한국에 선교사로 간다는 것은 제 양심이 도저히 허락하지 않는다."라는 편지를 부모님께 남기고 다시 군복을 입었다. 쇼 대위는 인천상륙작전에서 맥아더 장군의 부하로 참가한 쇼 대위는 서울탈환작전에도 참가했다. 하지만 그는 1950년 9월 22일 미 해병 7

연대의 서울 접근을 위해 적 후방 정찰을 목적으로 은평구 녹번리에 접근하던 순간, 매복 중이던 공산군에게 저격당해 산화했다. 당시 29세로, 국군의 서울 탈환을 일주일 앞둔 때였다. 쇼 대위는 현재 부모와 함께 서울 마포구 합정동 외국인 묘역에 잠들어 있다. 전쟁이 끝난 뒤 우리 금성을지무공 훈장을 추서 받았다. 그의 부친 쇼 박사는 우리나라에 군목 제도를 처음 도입하는 데 많은 기여를 했고 대전에서 쇼대위를 기념하는 교회를 건립하고 목원신학대학에서 교수로 활동하다가 1967년 10월 미국에서 타계했으며 시신은 유언에 따라 아들 곁에 안장됐다. 어머니 아델린 해밀턴 쇼는 남편과 함께 선교사, 교사로 평양과 서울, 대전에서 활동하다가 1971년 5월 타계한 뒤 역시 남편과 아들 옆에 묻혔다. 2010년 6월 서울 은평구 녹번동 은평 평화공원에 쇼 대위의 동상이 세워졌다.[15]

15 『연합뉴스』, 2008.9.22; 『월간 조선』, 2012.11, p.395.

| 〈좌〉 쇼대위의 동상과 기념비(서울 은평소재)

최근 들어 질병이나 학력 미달로 병역면제 판정을 받은 청년들이 병을 고치고 또 학력을 상승시킨 이후 다시 자원입대를 하고 있다. 뿐만 아니라 해외 영주권을 갖고 있는 교포 청년들이 기득권을 포기하고 군에 입대하는 일이 잦아져서 밝은 희망을 던져주고 있다. 더욱 더 놀라운 것은 해마다 입영 신청자의 숫자가 늘어나는 추세라는 점이다.

이 같은 젊은이들의 태도 변화는 병역을 의무로만 여겨 기피하던 과거와는 달리 이제는 군에서 자신을 한층 더 성숙시킬 수 있다는 긍정적 자신감에서 나온 것으로 신세대의 변화된 태도를 보여주고 있는 것이다.

자유민주주의국가의 한 성원으로서 군복무는 누구나 수행해야 할 의무이지만 신체적으로나 정신적으로 건전한 국민만이 이를 이행할 수 있는 명예로운 특권이기 때문에 군에 가고 싶다고 다 군복무를 할 수는 없다. 따라서 우리 모두는 현재의 군복무를 자랑스럽게 생각하고 전역하는 그 날까지 나라를 지키는 주인으로서 적극적으로 임무완수에 충실해야겠다.

또한 군인의 올바른 국가관 확립은 유구한 우리의 역사에 대한 긍지와 자부심을 가지는 데서 출발한다. 우리 민족은 반만년의 역사를 이어 오는 동안 민족의 주체성을 잃지 않고 독창적인 문화를 발전시켜 왔으며, 그 유구한 역사적 경험은 무한경쟁의 세계화시대를 헤쳐 나가는 방향타가 될 것이다. 동시에 대한민국 근 · 현대사에 대한 올바른 인식을 바탕으로 국가의 정통성을 정확하게 이해하는 것도 필요하다. 역사적 · 문화적 · 정치적 · 국제적 정통성에 대한 확고한 신념을 지닐 때 국가 수호의 의지가 더욱 고양될 것이기 때문이다.

이러한 노력을 통해 우리 군은 확고한 국가관을 정립할 수 있고, 21세기 우리 민족의 최대의 과업인 통일을 준비해 나갈 수 있을 것이다. 그리고 그 통일은 자유민주주의와 시장경제체제를 지향해야 한다는 점도 자연스럽게 체득할 수 있게 될 것이다. 그리하여 국가의 안위와 번영을 보장하는 시대적 소명을 다해 나가는 정예 화된 선진강군으로 거듭나야 할 것이다.

국가와 군대는 공동운명체이다. 즉 국가 없는 군대 없고 군대 없는 국가가 없다는 것이다. 그리고 자유민주주의 국가에서는 국민이 나라의 주인이기 때문에 국민은 모든 권리를 가지고 있는 동시에 국가에 대한 모든 책임도 함께 지고 있다는 것을 명심해야 한다. 이와 관련하여 국가의 개념, 기능, 군인의 국가관 등을 요약해보면 다음과 같다.

첫째, 국가의 구성요소는 영토, 국민, 주권 등인데, 우리나라의 경우에는 이를 헌법에 모두 명시해놓고 있다.

둘째, 국가의 기능과 역할은 국민에 대한 삶의 터전 제공 기능과 국민의 삶의 질 향상 기능 등이 있다. 우리나라는 과거에 삶의 터전 제공의 핵심이 되는 국가안보적 기능이 잠시 마비된 적이 있었으나 선조들의 노력과 우수한 국민의 자질을 바탕으로 이 모든 것을 극복하고 드디어 선진국 대열에 들어서게 되었다.

셋째, 군인으로서의 지녀야 할 가치관은 바로 국가관이 확립된 군인으로서의 사명을 다하는 것이다. 국민의 한 사람으로서, 그리고 군인으로서 주인의식을 갖는다는 것은 분단시대를 살아가는 오늘날 우리에게 없어서는 안 될 가치이다. 대한민국은 민주공화국이며 나라의 주인은 국민이라는 사실에서, 우리는 주인으로서의 권리와 함께 의무 또한 막중하다는 사실을 인식해야 할 것이다. 더욱이 우리는 군인으로서 대한민국의 주권과 국민, 그리고 영토를 수호하는 주요 임무를 수행하고 있는 것이다.

결론적으로 확고한 국가관으로 무장된 군인, 스스로 국방을 책임지겠다는 의지가 충만한 군인, 그러한 의지를 물리적으로 뒷받침할 수 있는 군사력을 가진 군대야말로 국가수호의 성스러운 임무를 완수할 수 있을 것이다. 국가에 대한 뜨거운 애국심과 위국헌신 군인본분의 정신을 우리 가슴 속

깊이 내면화 해 나간다면, 우리는 반만년 유구한 역사를 가진 우리나라 대한민국을 지킬 수 있을 뿐만 아니라 민족적 숙원인 평화통일도 달성하게 될 것이다. 그리하여 후손들에게 아름다운 우리나라 산하와 일류 선진 국가를 물려주고 다른 나라들로부터 존경을 받는 자랑스러운 역사를 펼쳐나가게 될 것이다.

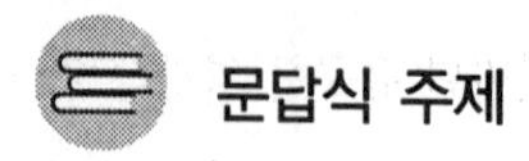

문답식 주제

1. 이 지구상에 군대 없는 나라가 있는가? 만약 있다면 그 나라는 어떻게 국가안보 기능을 수행하는가?

이 지구상에 군대 없는 나라는 많지는 않지만 존재한다. 예컨대 중앙아메리카에는 아이티, 도미니카연방, 그레나다, 파나마 등이 있고, 유럽에는 모나코, 아이슬란드, 바티칸시티 등이 있고, 남태평양에는 사모아, 솔로몬제도, 투발로 등이 있으며, 아프리카에는 모리셔스가 있다. 현재는 총24개국이 정규군을 갖지 않고 있다. 그런데 이들 나라들도 자국 내의 치안유지를 위한 경찰 등과 같은 유사안보기능을 수행하는 국가기구가 있으며, 그것도 여의치 않는 정치적인 문제 등으로 인해 다른 국가와의 연합을 한다거나 용병을 운용하고 있다. 이와 같이 자국의 안전보장을 위한 노력은 정규군을 보유하거나 하지 않거나 계속되고 있다.[16]

16 군대 없는 나라의 현황에 대해서는 다음 참조:

2. 국가가 기능과 역할을 다할 수 있도록 군대는 어떤 일을 해야 하는가?

우리헌법 총강에는 국가의 요소는 영토, 국민, 주권으로 구성되어 있으며, 그 중 어느 한 가지만 없어도 국가는 형성될 수 없다고 명시하고 있다. 이러한 국가는 국민들의 삶의 터전을 제공해주고, 국민들의 삶의 질적인 향상을 도모하는 기능과 역할을 수행한다.

이와 같은 국가의 기능을 보장해주기 위해, 군대는 우선 합법적으로 무력을 사용할 수 있다. 우리 군대는 개인이 운영하는 일반 회사와는 달리 정부로부터 국가안보의 군사적 책임기관으로서 합법적인 무력사용 권한을 위임받았다. 둘째, 군대는 국가의 평화구현을 위해 불가피한 상황에서는 전투임무를 수행해야 한다. 군대는 외부의 침략 등 국가가 위태로울 때 국가를 보위해야 하는 막중한 사명을 띠고 있

---

http://bbs2.agora.media.daum.net/gaia/do/kin/read?bbsId=K162&articleId=66341

다. 그 사명은 적과의 교전행위를 의미한다. 셋째, 군대는 부여된 임무수행의 고도의 위험성으로 인해 희생과 헌신을 요청받고 있다. 따라서 군인들은 보통사람들이 생각할 수 없을 정도의 위험성에 대비하기 위해 평상시 이에 적합한 정신무장을 하게 된다. 또한 조직관리 면에서도 이러한 희생과 헌신을 미리 예방하고 최소화하기 위해 구성원인 군인들 간의 강한 유대의식이 필요하다.

3. 우리 대한민국은 어떤 나라인가? 무엇이 가장 자랑스러운가? 그 이유는 무엇인가?

우리나라 헌법 제1조 제1항은 "대한민국은 민주공화국이다"라고 규정하고 있다. 대한민국은 자유민주주의 이념과 시장경제체제를 기반으로 한 민주공화국이다. 비록 일천한 민주주의 역사를 갖고 있지만, 일제에 굴복하지 않고 강한 민족의식을 토대로 새로운 국가이념인 민주주의를 발견하게 되었고, 이를 착근하는 데 성공했다. 건국초기 공산주의 세력의 거센 도전을 받기는 했지만, 정치지도자와 온 국민이 합심 노력하여 자유민주주의 체제를 굳건히 하여, 해외 원조를 받는 나라에서 원조를 하는 나라로 발돋움하게 되었다.

4. 군인으로서 견지해야 할 올바른 국가관은 무엇인가? 그러한 국가관을 견지한 인물로는 누가 있으며, 그 이유는 무엇인가?

군인은 군대의 주요한 구성요소이다. 그 군대는 국가의 국민의 생명과 재산을 보호하는 이른바 국가안전보장의 전문적 임무수행을 전담하는 기구이다. 따라서 군인이 국가를 대하는 태도는 그 존재 근원을 대하는 것과 같다.

국가관이 확립된 군인은 현재의 자유민주주의 국가이념을 존중하고, 그 역사적 전통을 존중할 줄 알아야 한다. 한 구성원으로서 자신이 속한 군대와 국가가 인류 보편적인 방향에 역행할 경우 상관에게 건의할 줄 아는 용기가 필요하다. 또한 올바른 국가관을 가진 군인은 국가가 위기에 처했을 때에 자신의 목숨을 바쳐서라도 국가의 평화수호를 위한 임무를 다하려고 노력해야 한다.

☞ 올바른 국가관을 견지한 군인: ______________

☞ 이유: ______________________________

〈읽기자료〉 삼호주얼리호의 영웅, 석해균 선장

2011년 1월 21일 오전 5시 17분(현지시간)의 아덴만 인근 해상, 해군 청해부대 소속 최영함은 소말리아 해적이 장악한 우리 선박 삼호주얼리호를 상대로 작전을 개시했다. "잠시 후 우리 해군이 여러분의 구조를 위해 공격할 것입니다. 안전구역으로 대피하고 외부로 나오지 마십시오." 선원과 해적을 분리하기 위한 작전이 성공했다. 아덴만의 여명시간인 오전 6시 4분, "선원 여러분 안심하십시오. 대한민구 해군 청해부대입니다. 현재 선박은 대한민국 해군이 장악하였습니다. 안심하시고 갑판으로 나와 주십시오." UDT 공격 팀을 본 선원들은 서로 부둥켜 안고 감격의 눈물을 흘렸다.

이때 석해균 선장은 큰 역할을 했다. 그는 해군부사관 14기로 임용된 후 5년4개월의 복무를 하고 1975년 8월 만기 제대했다. 당시 석해균 선장은 선원들을 구하는 과정에서 가슴, 왼팔, 양다리 등 총 6군데 총상을 입고 중태에 빠졌었습니다. 그가 깨어나고, 치료받는 과정이 언론에 큰 관심을 모으기도 했습니다. 280일 만에 퇴원하게 되었다. 석 선장은 소말리아 해적에 피랍돼 폭행과 총격을 당하면서도 소말리아로의 압송시간을 지연, 해군이 구출작전을 수행할 수 있도록 해 본인은 물론 21명의 선원들이 위기상황에서 벗어날 수 있도록 했다.

해적들이 가장 두려웠던 순간은 "총 대신 칼을 들고 다니는 요리사가 있었다. 1차 구조작전 후 나를 죽이려고 했는데 해적 두목이 '돈을 받으려면 살려둬야 한다.' 고 제지하자 분노를 참지 못하고 그 자리에서 자신의 왼손 엄지 손가락을 잘라버렸다. 피가 뚝뚝 떨어지는 칼로 나를 겨냥하며 '넌 소말리아에 가는 즉시 양 팔목을 자르고 목을 베어버릴 것'이라고 했다. 지금은 담담하게 말하지만 그땐 정말 섬뜩했다. 사람으로서 할 수 없는 행동이라고 생각했다."[17]

2012년 6월 14일 보건복지부는 의사상자심사위원회를 통해 석 선장을 살신성인의 용기와 행동이 사회적 의(義)를 실

---

17 중앙일보, 2012.11.24.

천했다고 판단하여 의상자로 인정했다. 선원들을 위기에서 벗어날 수 있게 한 용기와 기지가 높이 평가됐다. 한편 해적들은 석 선장 덕분에 극형을 면했다. 석 선장이 "법이 허용하는 한 최소한의 벌을 내려 달라"며 선처를 호소했기 때문이다. 그는 해적들에 대해 "달리 먹고 살 방법이 없는 나라에서 태어난 죄"라며 애써 감싸왔다.[18]

18 http://blog.naver.com/gksdldkdlel?Redirect=Log&logNo=60131012617, 2012.12.10. 검색.

〈읽기자료〉 안중근 의사의 《동양평화론》

안중근 의사가 1910년 3월 옥중에서 쓴 동양평화 실현을 위한 미완성의 논책이다. 안중근은 1909년 10월 26일 만주 하얼빈에서 한국침략의 원흉 이토(伊藤博文)를 처단한 후 일제에 의해 사형언도를 받고, 감옥 안에서 《동양평화론》을 집필하기 시작하였다. 구성 및 형식원래 집필 계획은 ①서(序) ②전감(前鑑) ③현상 ④복선(伏線) ⑤문답의 5장으로 구성되어 있었다. 이 논책 완성에는 약 1개월이 소요된다고 생각했으므로, 그는 공소권을 청구해 그 기간에 집필을 마치려 하였다. 이를 안 일제 고등법원장이 논책이 완성될 때까지 수개월이라도 사형집행 일자를 연기해 주겠다고 약속했으므로, 안중근은 공소권 청구를 포기하였다. 그러나 일제는 약속을 지키지 않고, 안중근이 ①서 ②전감을 쓴 직후 1910년 3월 26일 사형을 집행해 《동양평화론》은 미완성이 되고 말았다.

집필된 부분의 내용으로 볼 때 안중근의 《동양평화론》

의 특징은 다음과 같은 요지로 파악할 수 있다. 안 의사에 의하면 그의 시대의 세계는 '약육강식'의 시대이다. 동서로 나누어진 세계에서 각국이 서로 경쟁하고 '약육강식'을 정당화하면서 침략을 일삼는 것은 서양이 만들어 낸 생활방식이다.

동양은 서양의 침략을 받기 이전에는 학문과 덕치를 중시하고 자기 나라만 조심해 지켰을 뿐이지 서양을 침략할 사상은 없었다. 러 · 일 전쟁을 일으킨 일본은 대의명분으로서 "동양평화를 유지하고 한국독립을 공고히 한다."는 것을 내세웠다.

당시는 서세동점시대였으므로, 이것은 대의를 얻은 것이었다. 러 · 일 전쟁에서 일본이 승리한 것은 일본이 강했기 때문이 아니라, 한국과 청국 양국 국민이 일본의 선전 명분을 믿고 일본군을 지원했기 때문이었다. 러 · 일 전쟁은 한국과 청국을 전쟁마당으로 했기 때문에 이 요인은 매우 중요한 것이다.

한 · 청 양국 국민은 옛 원한을 접어두고 일본군에게 운수 · 도로 · 철도건설 · 정탐 등에 수고를 아끼지 않았다. 일본이 선전포고문에서 '동양평화'유지와 '한국독립' 공고화를 약속했으므로 그 대의가 청천백일 같이 밝았기 때문이었다.

그러나 일본은 러 · 일 전쟁에서 승리하자, 바로 '동양평화' 유지와 '한국독립' 공고화의 약속을 지키지 않고 도리어 한국의 국권을 빼앗아서 한국 국민과 원수가 되었다. 이에 한국 국민들은 일본에게 속은 것을 깨닫고 의병을 일으켜 일본과 '독립전쟁'을 하지 않을 수 없게 되었다.

일본은 군대를 파견해 이미 수만의 의병과 수백의 의병장을 학살하였다. 그러나 한국 국민들은 국권을 완전히 회복할 때까지 결사적으로 일본과 싸우고 있다. 청국은 일본이 한국을 침략한 다음에는 만주와 중국 관내를 차례로 침략할 것이라고 생각해 경계와 대책 수립에 부심하고 있다.

일본이 한국의 국권을 박탈하고 만주와 청국에 야욕을 가졌기 때문에 동양평화가 깨지게 된 것이다. 이제 동양평화를 실현하고 일본이 자존하는 길은 우선 한국의 국권을 되돌려 주고, 만주와 청국에 대한 침략야욕을 버리는 것이다. 그러한 후에 독립한 한국 · 청국 · 일본의 동양3국이 일심협력해서 서양세력의 침략을 방어하며, 한 걸음 더 나아가서는 동양3국이 서로 화합해 개화 진보하면서 동양평화와 세계평화를 위해 진력하는 것이다.

이러한 안중근의 ≪동양평화론≫은 그의 국권회복운동 전략인 독립전쟁전략 배후 근저에 있던, 동양과 세계의 평화론 사상이었다고 볼 수 있다.[19]

19 『한국민족문화대백과』, 한국학중앙연구원, 2010.

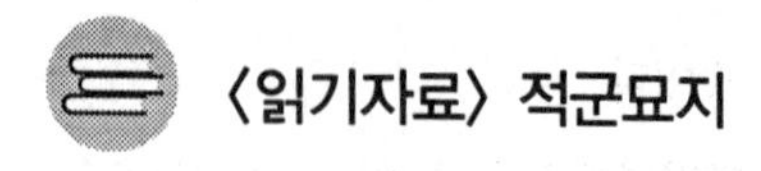

〈읽기자료〉 적군묘지

경기 파주시 적성면 답곡리 답곡교차로 인근에 조성된 '적군묘지'는 북한군과 중공군, 그리고 수해 때 떠내려 온 북한 주민의 유해 등 모두 1,080구가 묻혀 있는 곳이다. 정부는 6·25전쟁 중 남한 지역에서 숨진 북한군과 중공군의 유해가 묻힌 '적군묘지'에 대해 인도주의적 차원에서 5억 원의 예산을 투입, 묘역을 정비 중에 있다. 이에 군은 5억 원을 들여 2012년 11월까지 이곳 적군묘지의 진입로와 주차장 등의 정비 공사를 하였다.

정부가 적군 묘역에 예산을 들여 정비에 나서기는 이번이 처음이다. 군 장병의 사기나 정체성 문제 등으로 그간 정비에 반대하는 목소리가 적지 않았다. 그러나 인도주의적 차원은 전 세계 보편적 가치로서 적군과 아군의 구분이 없어야 한다. 이는 나이팅게일 정신으로 일하는 의료진에 대하여는 적군·아군 구분 없이 폭격이나 공격을 하지 않는 것과 같다. 2012년 9월부터 경기 파주시 적성면 답곡리 '적군묘지' 입구는 주말임에도 굴착기와 인부들이 동원돼 진입로와 주차장 설치 공사가 한창이다. 굴착기 뒤로 위치한 적군묘지는 듬성듬성 풀이 자라나 있을 뿐 6000여㎡에 달하는 묘역에는 오와 열을 맞춘 나무말뚝 모양의 묘비와 작은 봉분들이 가지런히 설치돼 있었다. 일반 분묘보다 훨씬 작은 봉분 앞에 서있는 길이 60㎝의 흰 말뚝에는 망자의 신원 대신 '무명인'이란 단어가, 사망일자 대신 '○○지구 전투' 등 전투지역 이름도 또렷하게 적혀 있다. "묘역 조성 후 늦은 감이 있지만 제네바 협정 이행과 함께 망자에 대한 인도주의적 자세로 개발을 추진하게 됐다"는 것이 군의 입장이다. 6·25전쟁 중 숨진 북한군과 중공군의 유해 1,080구가 묻혀 있는 이곳, 적군묘지가 조성된 것은 1996년 7월. 전국에 흩어져 있던 적군 유해를 한 곳에 모아 조성한 적군묘지가 한국에 만들어진 이유는 군이 '자기측 지역에서 발견된 적군 시체에 대해 인도·인수에 대한 조치를 취한다. 는 내용의 제네바 협정(제120조)을 준수하고 있기 때문이다.[20]

20 다음 기사를 참조하여 수정: 『문화일보』, 2012.9.24.

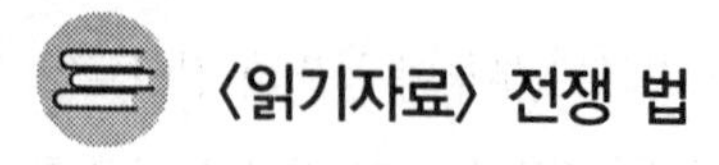

〈읽기자료〉 전쟁 법

전쟁 법은 포고되거나 포고되지 않은 전쟁 모두에 적용되며, 교전국간의 관계 및 교전국과 중립국 사이의 관계를 규율한다. 또한 전쟁에 관련된 개인의 책임과 권리, 무기의 유형과 그 용도, 시민의 권리를 정한다.

고대의 전쟁은 거의 규제를 받지 않았으며, 전쟁에서 패한 자들에게는 노예 생활이나 죽음이 기다리고 있었다. 유럽에서는 중세 말기까지 합리적이고 인도적인 정서의 영향과 더불어 종교적 개념들과 기사도의 영향을 받아 상당한 법체계가 발전했다. 예컨대 다른 그리스도 교도를 포로로 잡은 그리스도교도는 포로를 노예로 팔 수 없었다. 그러나 중세 법은 주로 신사 계급의 군인에게 적용되었고, 민간인과 하급 군인들은 혹독한 처우를 받기 쉬웠다. 1625년에 출간된 H. 그로티우스의 〈전쟁과 평화의 법De Jure Belli ac Pacis〉은 국가는 의무와 금지 규범에 구속된다고 주장함으로써 유럽에서의 국민국가의 발전을 예고했다. 무기가 보다 파괴적이 되면서 전투 행위를 규제하기 위한 노력도 증대되었다. 파리 선언(1856)은 사략선(私掠船)의 나포 행위를 불법화했다. 미국 남북전쟁 기간 중인 1863년에는 에이브러햄 링컨 대통령이 일반명령 제100호 '야전군 통치에 관한 지침'을 발포했는데, 이는 프랜시스 리버가 마련하여 후에 많은 영향력을 행사했던 법전인 리버 법전(Lieber code)에 근거한 것이었다. 1864년 스위스에서는 전상자 보호를 위한 최초의 제네바 조약이 채택되었다. 1899, 1907년의 헤이그 평화회의는 현행 전쟁법의 상당 부분을 법전 화했다. 1906, 1929, 1949년의 제네바 조약은 민간인 · 전쟁포로 · 부상병 및 병든 군인에 적용되는 전쟁법을 확대하고 수정했다. 독가스전에 관한 제네바 의정서(1925)는 치명적 독가스와 세균전을 금지했다. 핵전쟁을 통제하는 조약들 가운데 1967년에 체결된 조약은 핵무기의 우주 배치를 금지하고 천체의 평화적 목적에의 사용을 규정했다.

고대에는 무엇이 정당한 전쟁(just war)이 되는가라는 문제가 신학적 맥락에서 논의되었다. 중세의 전쟁은 그 대의가 무엇이건 최고의 권위자, 즉 독립 군주에 의해 수행되면 '정당한' 것이었다. 18세기부터 제1차 세계대전 기까지는 개별

국가가 전쟁의 필요성을 판단하는 유일한 심판관으로 간주되었다. 그러나 국제연맹 규약은 침략이 중대한 국제적 비행을 구성한다는 입장을 취했다. 전쟁에 호소하는 것을 비난한 켈로그-브리앙 조약은 제2차 세계대전 후 뉘른베르크의 독일 전범재판에 영향을 끼쳤다. 국제연합(UN) 헌장(1945)은 전쟁에의 의지를 자위(自衛)와 국제적인 안전을 강화하기 위한 UN의 행동으로 제한했다.

전쟁 법은 무기와 전쟁방법이 무제한적이지는 않다는 원리에 근거해 있다. 전쟁 법은 무력분쟁에 대한 한계를 설정함으로써 전쟁의 목적이 적국의 군대를 무력화시키는 것이지 전투원이나 민간인이나 할 것 없이 혹심하고 무차별적인 고통을 당하도록 하는 것이 아니라는 원칙을 강화한다. 전쟁 법은 때로는 전범의 사법적 처벌에 의해서 강화되어왔으며, 세계의 여론은 각 국가들에게 관습적인 국제 법을 준수하도록 설득해왔다. 그러나 어떠한 초국가적 조직(예를 들면 UN)도 범법국가를 처벌할 권한을 갖지는 못했기 때문에, 전쟁 법을 구성하고 있는 조약과 협약의 전체계를 체계적으로 집행하는 것은 사실상 불가능함이 입증되었다. 반평화범죄

(침략전쟁의 계획·수행 등)에 대해서는 정부의 정책에 영향을 끼칠 수 있는 사람들만 처벌할 수 있지만, 집단살해(genocide)와 반인도 범죄에 대해서는 장교와 사병도 처벌할 수 있다. 장교는 자신이 통솔하는 군대에 의한 폭력을 방지하려고 노력해야 하며, 그렇지 않은 경우에는 그 범행을 몰랐다고 하더라도 그런 행동에 대해 책임을 져야 한다. '명령을 따르는' 부하 역시 전범 유죄판결을 받을 수 있다. 각 국가는 전범자를 재판하고 처벌할 1차적 책임을 진다.

UN 헌장의 자위 규정은 자위가 시작되는 시기를 문제점으로 남기고 있다. 침략국에 의한 전복활동과 피침략국의 국경을 향한 침략국의 진격이 무장공격에 선행할 수 있는 것이다. 핵미사일의 발사는 방어시간을 거의 주지 않을 수도 있다. 이러한 이유로 자위국의 예방 조치 문제가 제기되어왔다. 전쟁은 적국 영토나 공해(公海) 및 이들 지역의 공중에서 수행될 수 있다. 중립국도 자국의 국경 내에서 적성국 군대의 작전수행을 방지하지 못하면 공격 목표가 될 수 있다. 의료시설과 교육적 · 문화적 · 종교적 재산은 군사적 목적으로 사용되지 않는 한 공격으로부터 보호되고, 약탈은

금지된다. 전쟁 법은 전투원과 비전투원을 구별하고 있지만, 제2차 세계대전중의 무차별 공중폭격은 이 구별을 무색케 했다. 민간인과 구분되는 군인은 사령관의 통제를 받으며 공공연히 무기를 휴대하고 제복을 착용한다. 1949년의 제네바 조약과 1977년의 제네바 의정서는 게릴라도 군사작전 수행중 이 차이를 준수하지 않으면 불법 전투원으로 처벌받아 마땅하다고 규정하고 있다. UN 평화유지군 역시 전쟁법규에 구속된다.[21]

21 Daum 백과사전

제2장

대한민국 국군의 발자취

대한민국 국군은 1948년 8월 15일, 정부수립과 동시에 이범석 장군이 초대 국방부장관에 임명되면서 공식적으로 출범하게 되었다. 우리 국군은 온갖 우여곡절과 어려움을 겪으면서 창설된 이후, 1차적으로 38도선 경비업무를 주 임무로 수행하면서 당시 가장 당면한 과제인 무장공비 토벌작전을 성공적으로 수행했다. 그러다가 건군 2년만인 1950년 6월 25일에 북한공산집단의 기습남침으로 또다시 시련을 겪게 되었다. 그러나 우리 군은 상대적으로 열세한 병력, 무기, 장비에도 불구하고 필사즉생의 각오와 호국충정의 희생정신으로 혼신을 다해 국가를 수호하고 국민의 생명과 재산을 지켜냈다.

우리 국군은 1953년 7월 27일, 휴전 후에도 2,800여회에 달하는 북한의 대남 도발에 대처하면서 성장과 발전을 거듭하였다. 이제는 대한민국은 물론 세계평화를 위한 일원으로서 전 세계 17개 지역에 유엔평화유지군과 다국적군으로 참가하여 국제사회의 평화와 안정에 적극적으로 기여하고 있다. 동시에 대한민국의 국위를 선양하는 막강한 군대로 발돋움하게 되었다. 특히 2012년 10월에 우리나라가 유엔 안전보장이사회 비상임이사국으로 선정된 쾌거는 대한민국의 발전과 우리 군의 세계평화유지활동의 좋은 결과라 할 수 있다. 또한 우리나라가 민주주의를 발전시키고 세계 10위권의 경제대국으로 성장할 수 있었던 것도 우리 국군이 국가를 보위함에 있어서 굳건한 버팀목 역할을 해왔기에 가능했다.

이에 본장에서는 우리 국군이 어떠한 시대적 상황 속에서 창건되었으며, 그 정신사적 뿌리와 전통은 어디에 두고 있는지, 그리고 격동의 한국 현대사를 지나오면서 어떻게 성장해 왔는지를 살펴보고, 앞으로 21세기 대한민국의 국방을 책임지고 있는 군인으로서 국군의 역사를 어떻게 만들어 나갈 것인가를 생각해보고자 한다.

1. 국군의 정신적 뿌리

우리 국군의 정신적 뿌리는 구한말 의병운동과 일제 강점기의 독립군, 광복군에 의해 전개되었던 항일 독립전쟁에서 찾을 수 있다. 항일 의병운동은 1894년 동학혁명과 청·일전쟁을 시발로 전개되기 시작했고, 이듬해 발생한 명성황후 시해사건과 단발령에 자극을 받아 전국적으로 확대되었으며, 1907년 고종의 강제퇴위에 자극을 받아 해산된 군인들이 의병에 가담함으로써 부대의 규모와 전투력이 향상되었다. 좀 더 상세히 살펴보면 이렇다. 구한말 당시 의병투쟁 현장을 직접 취재한 영국의 종군기자 맥킨지(F. A. Mckenzie)의 '자유를 위한 한국의 투쟁'(Korea's Fight for Freedom)이란 글을 보면 우리의 의병이 열악한 상황 속에서도 국가를 위해, 자유를 위해 얼마나 용감하게 싸웠는지 잘 알 수 있다. 그가 묘사한 내용은 다음과 같다.

> 나는 종군기자의 예리한 눈으로 조선의병들이 휴대하고 있는 소총을 살펴보기 시작했다. 조선 의병 6명이 휴대하고 있는 소총 중에서 다섯 가지가 각각 다른 종류였고, 그 중에

서도 성한 것이 하나도 없었다. 다행히 그들은 그날 아침에 일본군 4명을 사살하는 전과를 얻었고, 대신 의병 2명 전사에 부상 3명의 손실을 입었다. 그럼에도 불구하고 쫓겨 다니고 있는 상황이었다. 그 이유를 물으니, 일본군은 무기가 훨씬 우수하고 훈련이 잘 되어 있는 정규군이기 때문이라는 것이다. 의병들은 말할 수 없이 용감하지만 총은 낡아 쓸모가 없고 화약도 거의 떨어져서 어쩔 수 없다는 것이다. 그러면 왜 싸우느냐는 질문에 일본을 이기기 힘들다는 것을 알지만 노예가 되어 사느니 차라리 자유민으로 죽는 것이 훨씬 낫기 때문에 싸운다는 것이다.[22]

위의 내용은 우리의 의병운동이 민족의 자주성 회복은 물론 자유의 소중함을 잘 일깨워주는 단적인 예라고 할 수 있다. 동시에 이는 국군의 이념[23]이 자유민주주의 수호에 있음을 보여주는 가장 좋은 사례다. 이러한 의병운동은 구한말

22 F. A. Mckenzie, 신복룡 역주, 『대한제국의 비극』, (서울: 집문당, 1999), pp.186-190 참조.

23 군인복무규율 제4조 제1항, "국군의 이념: 국군은 국민의 군대로서 국가를 방위하고 자유민주주의를 수호하며, 조국의 통일에 이바지함을 그 이념으로 한다."

일본의 침략에 맞서서 지속적으로 일어났다. 명성황후 시해(1895) 및 단발령에 대항하여 유인석, 이항로 중심의 의병운동이 일어났고, 을사조약 체결(1905)에 대항해서는 최익현, 기정진, 허위 등에 의한 의병운동이 일어났고, 군대해산 및 고종황제 폐위 등에 대항하여 양인영, 이강년 등을 비롯하여 전국적으로 평민출신 의병들이 대거 참가하였다. 의병운동이 최고조에 달한 시기는 1908-1909년으로써, 이때는 소규모로 분산하여 끈질긴 투쟁을 전개하였다. 한편 한일합방 이후에는 일본군의 대대적인 토벌작전으로 인하여 만주와 연해주로 이동해 본격적인 독립전쟁에 돌입하였다.

특히 한국의 근현대사에서 국권회복을 위한 항일투쟁으로서 의병과 독립군을 계승한 광복군의 투쟁은 오늘날 우리 정부의 전신인 대한민국 임시정부가 추진한 독립운동이었다는 점에서 그 의의가 크다. 역사적으로 대한민국 임시정부는 거족적인 3·1운동의 결실이었고, 그로 인하여 독립운동의 한 중심에 서 있었다. 여건상 그 역할에 한계가 있었을지라도 임시정부가 외교와 독립전쟁 등 민족독립을 위한 주체적인 항일투쟁의 중심체였음은 분명한 사실이다.

임시정부가 추진한 정규군의 창설은 임정수립 후 20여년 만에 나타난 성과로 1940년 8월 4일 광복군총사령부의 조직이 완료되었으며, 이어 9월 15일 임시정부는 광복군창설위원회 위원장 김구 선생 명의로 광복군을 창설한다는 내용의 '한국광복군선언문'(읽기자료 참조)을 발표하였다. 이 선언문에서 광복군은 종래 한인만의 단일 무장활동에서 탈피하여 항일이라는 공동의 목표 하에 중국과 연합전선을 전개한다고 천명하였다. 이 같은 광복군의 시각은 항일운동을 보다 거시적인 차원에서 접근한 것이라 하겠으며, 이로써 장차 영국이나 미국과의 연합작전도 가능하게 되었다.

1940년 9월 17일, 마침내 한국광복군총사령부 성립행사가 열리게 되었는데, 이날 발표된 「광복군성립보고서」에는 다음과 같은 내용이 있다. "한국광복군은 일찍이 1907년 8월 1일 군대해산 시에 곧이어 성립한 것이다. 바꾸어 말하면 敵人[일본]이 우리 국군을 해산하던 날이 곧 우리 광복군 창설의 때인 것이다." 이는 광복군 창설일의 연원을 군대해산일로 설정함으로써 그 정신적 연원을 의병정신과 결부시켰다고 볼 수 있다. 이렇듯 광복군은 대한제국의 국군을 계승하고 의병정신에 뿌리를 둔 민족사의 정통 국군임을 분명히 자각하고 있었다. 광복군의 창설은 한말 의병전쟁과 독립군의 항일독립전쟁을 거쳐 임시정부의 정규군이자 항일투쟁사의 주역으로 거듭나게 되었다. 이런 면에서 대한민국 임시정부의 광복군은 민족군대의 맥을 잇는 역사적 실체라고 볼 수 있다. 이후 8.15광복을 맞이하여 조선경비대 창설로부터 대한민국 정부수립 당시 국군으로의 개편과정에서 그 정신을 계승하고 광복군을 모체로 국군을 성장 발전시키려는 노력으로 이어졌다.

2. 국군의 창설과 건군

가. 국방경비대 창설

제2차 세계대전이 마무리되는 시점인 1945년 8월, 일본이 무조건 항복하게 되는 상황에서 연합군 측의 한반도에 대한 역할분담 문제는 미묘하게 전개되기 시작했다. 즉 소련군은 미군보다 한 달 가량 앞서 북한지역에 진출하여 평양에 소련군사령부를 설치하고 북한 전역에 걸친 군정체제를 수립해 나가고 있었다. 그러나 이와는 달리 미군은 소련군에 비해 한 발 늦게 남한에 진주하였던 것이다.

미·소의 군정이 남북한에서 실시되면서 미 군정당국은 소련과의 협력체제 구축이 불가능하다고 판단하였고, 결국 미·소공동위원회에서 상호간의 협의가 완전히 결렬되었다.[24] 미

24 미소공동위원회(美蘇共同委員會): 1945년 12월 모스크바삼상회의의 합의에 의하여 설치된 한국문제 해결을 위한 미·소 양국 대표자 회의. 1946년 1월 16일 덕수궁 석조전에서 한국의 신탁통치와 임시정부

군은 군정 기간 동안 남한 내에 많은 좌익세력이 준동하고 소련과의 협력체제가 결렬된 후 불순 군사단체와 조직의 활동이 심화되어가자 강력한 대처방안을 모색하기 시작하였다. 이에 따라 미 군정당국은 경찰력만으로는 남한의 치안유지가 부족하다고 판단하여 군사조직의 창설을 서두르게 되었다.

미 군정당국의 최고 책임자인 하지(John R. Hodge) 중장은 남한지역에 정규군을 창설해야만 사설 군사단체의 활동을 억제할 수 있고 장차 한반도에서 미국의 군사적 부담을 덜

수립을 위한 제반문제 해결을 위하여 예비회담을 열었고, 1946년 3월 20일 모스크바삼상회의에서 결정된 제3조 2항과 3항의 조항에 따라 제1차 회의를 열었다. 미국 측 대표로는 소장 A.V.아놀드, 소련 측 대표로는 중장 T.E.스티코프이었다. 그러나 미소공동위원회는 벽두부터 난관에 부닥뜨리게 되었는데 가장 큰 논란은 민주주의라는 용어와 민주주의 제정당(諸政黨)에 관한 해석을 둘러싸고 일어났다. 이때 모스크바삼상회의에서는 5년 동안의 신탁통치가 과도기 정치로서 요구되었으나 남한의 우익정당과 사회단체는 신탁통치를 반대하였다. 그 뒤 1947년 5월 21일 제2차 미소공동위원회가 열렸으나, 7월 신탁통치 반대투쟁 단체를 둘러싼 논란과 미국 측의 소극적인 태도를 보여 결국 결렬되었다. 두산백과 참조.

수 있으며, 한국 단독정부 수립 후에도 국가의 장래를 위해 좋을 것이라고 창건의 필요성을 역설하였다. 그리하여 1945년 11월 3일 군정법령 제 28호를 공포하여 미 군정청 내에 『국방사령부』를 설치하였고, 1946년 1월 15일 국방사령부 내에 『조선경찰예비대』 제1연대를 창설하는 등 그해 11월까지 총 9개 연대를 창설함으로써 국내치안의 틀을 만들어 나갔다. 미 군정당국에서는 경찰예비대 개념에 따라 '조선경찰예비대' 라고 불렀으나, 한국 측에서는 장차 국군의 모체가 될 것을 감안하여 '남조선 국방경비대(약칭 경비대)' 라고 불렀다.

해군의 경우, 1945년 11월 11일 손원일 · 김영철 · 한갑수 등이 중심이 되어 결성한 해방병단(海防兵端)이 11월 14일 진해기지에서 시무식을 가졌으며, 1946년 1월 15일에는 총사령부를 설치하고 손원일 참령이 초대사령관에 취임하였다.

한편, 국방사령부는 1946년 3월 국방부로 개칭되었는데, 같은 해 5월 서울에서 개최된 미 · 소 공동위원회에서 소련 대표가 '국방' 이란 용어에 대해 항의하고 나오자 미 군정당국에서도 이를 받아들여 국방부를 국내경비부로 바꾸게 되었고, 한국 측에서는 이를 통위부(統衛部)라 부르게 되었다. 이 역시 나라를 세우지 못한 비운으로 받아들이지 않을 수 없었던 대표적 사례라 하겠다.

나. 국군의 건군과 시련

대한민국 국군은 1948년 8월 15일 대한민국 정부가 수립됨으로써 건군이 되었다.[25] 미군정의 종식과 함께 통위부의 행정은 국방부로 이양되었으며, 8월 16일 초대 국방부장관에 임명된 이범석(李範奭) 장군(국무총리 겸무)은 국방부 훈령 제1호를 통해 "금일부터 우리 육·해군 각급 장병은 대한민국 국방군으로 편성되는 영예를 획득하게 되었다."라고 선언하였다. 그리하여 1948년 9월 1일 조선경비대와 조선해안경비대는 국군에 편입되었고, 그 명칭도 9월 5일에 각각 육군과 해군으

25 창군(創軍)과 건군(建軍)을 구분해서 사용해야 한다. 창군(創軍)은 경비대 활동 등 인원, 조직 면에서 국군이 형성되는 과정을 나타내고, 건군(建軍)은 정부수립 이후 정규군으로 출범한 사실을 나타낸다. 육군사관학교, 『대한민국 현대사와 군』, (서울: 육군사관학교 화랑대연구소, 2012), p.22. 참조.

로 개칭되었다. 이 같은 잠정적인 명칭은 그해 11월 30일 국군조직법(법률 제 9호)과 12월 일 국방부직제(대통령령 제 37호)가 제정 공포됨으로써 1948년 12월 15일부터 통위부가 국방부로, 조선경비대와 조선해안경비대가 각각 대한민국 육군과 해군으로 정식 편입, 법제화 되었다.

국군조직법에 따라 국군의 조직은 국방부에 참모총장을 두고, 그 밑에 육군본부와 해군본부를 설치하였으며, 각 군은 정규군과 호국 군으로 조직하였고, "필요할 때에 육군에 속한 항공병은 공군으로 조직할 수 있다."고 하여 공군창설 의지를 분명히 하였다.

한편, 1948년 5월 15일 통위부 직할로 수색에서 항공부대가 창설되었고, 9월 13일 다시 육군항공사령부로 개칭되었다. 1949년 1월 14일 항공장교의 육성을 위한 육군항공사관학교가 김포에 창설되었고, 6월 27일에는 육군본부에 항공 국이 설치되어 공군 독립에 대비한 준비작업을 본격적으로 진행시켰다.

이리하여 우리 대한민국 국군은 일제로부터의 광복과 국토 분단의 어려운 상황 속에서도 명실공이 육 · 해 · 공군의

3군병립체제를 구축하면서 힘찬 발걸음을 내딛게 된 것이다. 우리 국군은 각급 부대의 증·창설과 군 간부교육을 통하여 착실히 군의 기틀을 쌓았으며, 1950년 한국전쟁 발발 시까지 약 10만 명의 병력규모로 성장하는 등 의병·독립군·광복군으로 이어진 역사적 전통을 간직한 자랑스러운 군대로 발돋움 할 수 있는 발판을 마련하였다.

이러한 건군과정에서 북한공산집단의 집요한 도발과 국내 좌익세력들의 준동으로 말미암아 겪게 된 시련 또한 너무나 지대하였다. 그 대표적인 것이 '제주 4·3사건',[26] '여순

---

26 '제주 4·3사건'은 남로당 제주도위원회의 당원배가운동 및 조직 확대활동과 3·1절 기념 투쟁을 계기로 1948년 4월 3일 제주도에서 발발된 사건이다. 그리고 남로당 제주도위원회는 1945년 12월 9일 창설된 조선공산당 제주도위원회의 후신이다. '제주 4·3사건'의 직접적인 원인은 1947년 3월 1일 제주읍 관덕정 마당에서 3·1절 28돌 기념집회에 참석한 후 시위를 하던 도중 경찰과의 충돌 및 발포로 6명의 희생자를 내었기 때문이었다. 이 사건을 빌미삼아 남로당 제주도 위원회는 1948년 4월 3일 새벽 2시를 기하여 한라산 정상과 주요고지에 일제히 봉화를 올리는 것을 신호로 무장폭동을 일으켰다. 인민유격대와 자위대원 350명은 제주도내 20여 개의 경찰지서 중 10여 개의 경찰지서를 습격

10·19사건'[27] 등이다.

하는 것을 시작으로 경찰과 서북청년단의 숙소 및 국민회, 독립촉성회, 대한청년단 등 우익인사들과 그 가족들을 살해하면서 제주도를 유혈의 참화 속으로 몰고 갔다. 제주도는 사회질서가 무너진 혼란의 소용돌이 속에 휘말리게 되었고, 민심은 극도로 동요되어 갈피를 잡지 못하는 사태로 빠져들게 되었다. 이에 국방경비대 총사령부에서는 제9연대에 진압작전을 실시하도록 지시하였고, 경찰에서는 각도 경찰국으로부터 1,700여 명의 경찰을 파견하였다. 그 후 1949년 3월에 제주도지구 전투사령부가 설치되었고, 선무공작을 전개하여 인민유격대와 주민을 분리시킨 후에 토벌작전을 실시함으로써 큰 성과를 거두어서 마침내 남로당 제주도위원회 핵심간부들을 사살하고 각종 무기들을 노획하는 데에 크게 기여했다. 그리하여 마침내 그리하여 1949년 3월에 창설된 제주도지구 전투사령부는 5월 18일부로 해체됨으로써 사실상 제주 4·3사건은 종결하게 되었다. 국방부 전사편찬위원회, 『6·25 전쟁사 제1집』, (서울: 국방부, 2004), pp.423-450. 참조.

27 여순 10·19사건은 1948년 10월 19일 전라남도 여수에 주둔하고 있던 국방경비대 제14연대 소속의 남로당 조직책 지창수 상사 등에 의해 발생된 사건이다. 사건의 중심에 있던 지창수 상사는 제14연대의 인사 담당 선임하사관으로서, 남로당의 조직책이기도 했다. 당시 제주도 4·3사건을 해결하기 위하여 14연대가 여수항에서 출발하여 제주도로 향하기로 하였다. 그러나 남로당 14연대 조직책 지창수(池昌洙) 상사는 1948년 10월 19일 오후 8시경, 세포요원 40여 명으로 하여금

이 과정에서 두 가지 큰 문제가 발견되었다. 첫째는 군대 내 간부 충원과정에서 사상과 이념 등에 관계없이 선발한 것이 문제였고, 둘째는 신병 모집에서도 불온사상 여부에 관계없이 지원자는 무조건 입대시킨 것이 결정적으로 문제가 되었다. 더구나 남로당에서는 이처럼 허술한 선발 및 모병과정을 적극적으로 이용하여 남로당 조직책을 동원하여 대거 충원하게 된 것이다. 여기서 제주도 4·3사건은 대한민

병기고와 탄약고를 장악하게 하였다. 이어 부대 전 병력을 집합시켜 '경찰 타도, 제주도 출동 결사반대, 분단정권을 거부하는 궐기'를 주장하며, 반대하는 하사관 3명을 그 자리에서 사살하는 등 선동과 위협으로 부대를 장악하고 해방군의 연대장임을 선언하면서 부대를 자기 마음대로 지휘하였다. 사태는 날이 갈수록 어렵게 되었고, 이에 육군총사령부는 10월 21일 광주에 전투사령부를 설치하여 순천으로 진격, 저녁 무렵 전역을 탈환하였다. 24일에는 여수로 진격하여 27일 전역을 탈환하였다. 드디어 1949년 4월에 주도급 인물이 모두 사살되었다. 진압군이 여수에 진입하였을 때 반란군의 주력부대는 이미 여수를 빠져나간 상태였다. 이 사건을 계기로 군부 내에서는 대대적인 숙군작업이 이루어져 좌익계열의 군인들이 대거 색출되었다. 국방부 전사편찬위원회, 『6·25전쟁사』 제1집, (서울: 국방부, 2004), pp.451-475. 참조.

국 정부가 수립되기 이전에 발생하였고, 여순 10 · 19사건은 정부수립 이후 발생한 사건이다. 이렇듯 건군 전후의 상황은 이념적 혼란과 시련으로 가득했으며, 그 와중에서도 정치지도자와 군의 지휘관들은 중심을 잘 잡고 국민들의 성원에 힘입어 위기를 극복해냈다.

다. 6.25전쟁과 국가 수호

우리 국군이 건군의 과정에서 반란군 진압을 통해 기초를 다져가고 있는 사이에 광복 당시부터 북한을 점령한 소련은 한반도를 공산화 하려는 준비를 착실히 해오고 있었다. 이에 반해 미국은 지나치게 안이한 한반도 정책을 펴온 결과 이상기류가 나타나기 시작했다. 즉 1949년 6월 29일 미국은 군사고문단 요원 472명을 제외한 주한 미군의 전 병력을 철수시킴으로써 남북한의 군사력 불균형이 나타나게 되었으며, 주한미군 철수를 계기로 한반도에는 소련이 북한을 앞세운 무력남침계획을 구체화 하는데 더없는 호기의 분위기가 조성되었다.

북한은 이러한 상황을 최대한으로 이용하여 북한지역을 공고한 혁명기지로 구축하는 한편, 남한의 혁명여건을 조성하기 위한 대남적화전략을 집요하게 전개하였다. 한국전쟁 발발 직전까지 북한이 자행한 침범 및 불법사격의 횟수는 무려 847회에 달하였으며, 광복 이후부터 계산하면 사흘에 1회 이상, 북한정권 성립 이후부터는 매일 1회 이상 도발한 셈이었다. 그 중 대표적인 것이 개성 송악산 전투였고, 이에 우리 군은 이 전투를 치루는 과정에서 육탄10용사를 탄생시켰다.[28]

28 '육탄10용사'는 1949년 5월 4일 송악산 지구 전투에서 박격포탄을 자신의 가슴에 안고 적의 기관총 진지에 육탄으로 뛰어들어 빼앗긴 고지를 탈환하는 데 혁혁한 공을 세우고 장렬히 산화한 서부덕 이등상사 등 10명의 용사를 말한다. 당시 서부전선에서 북한은 체계적으로 군비를 증강하며 1947년 7월께 38경비대라는 정예부대로 하여금 38선 경계 임무를 수행토록 하고, 주요 고지에는 강력한 진지를 구축한 후 호시탐탐 남침의 기회만을 엿보고 있었다. 1949년 4월 남천 점에 주둔하고 있던 북한군 1사단 3연대의 증강된 병력 1000여 명이 송악산 후방인 냉정 리에 이동, 집결했다가 5월 3일 새벽에 송악산의 능선을 타고 기습공격해 아군이 진지 공사를 하고 있던 292고지, 유엔고지, 155고

지, 비둘기고지 등을 점령했다. 이에 11연대장은 송악산의 주요 고지군을 탈환하고자 5월 4일 새벽에 어둠을 이용해 은밀하게 선제공격을 했다. 하지만 날이 밝자 적군의 치열한 포병사격과 공격부대가 고지 중턱쯤 진출했을 무렵에는 10여개소의 적 토치카에서 작렬하는 기관총 사격에 노출돼 더 이상 공격을 계속할 수 없는 상황이 됐다. 결국은 특공조가 편성되어 육탄으로 적진을 파괴할 수밖에 없는 상황이 되었고, 이에 중화기소대 분대장 박창근 하사가 적의 토치카를 파괴하기 위해 단신으로 수류탄 7개를 들고 돌진했다. 그는 장렬히 전사했다. 이 비보가 특공대원들에게 전해졌다. 나머지 9명의 육탄공격조는 유엔고지와 비둘기고지의 적 토치카를 향해 공격을 개시했다. 공격 개시 30분 후쯤 각자가 맡은 적 토치카에 돌입해 육신과 더불어 폭사했다. 적의 토치카는 포연과 함께 분쇄되고, 뒤 이은 공격으로 비둘지고지와 유엔고지를 탈환할 수 있었다. 이어진 5월 8일까지의 치열한 전투를 통해 나머지 고지를 탈환해 38선 진지를 모두 회복했다. 국방부 전사편찬위원회, 6·25전쟁사 제1집, (서울: 국방부, 2004), pp.500-506; 육탄10용사현충회, 『육탄10용사』, (서울: 도서출판 법정, 1986), p.9; 육군정훈공보실, 『참군인의 길』, (육군본부, 2012), p.36-37; 「국방일보」, 2012. 6.27. 참조.

ㅣ 파주 통일공원에 위치한 육탄10용사 동상

이와 같은 북한군의 38도선 및 후방지역에 대한 도발책동으로 말미암아 국군은 체계적인 교육훈련 실시가 곤란하였을 뿐만 아니라 전투력이 분산되어 유사시에 신속한 대처가 어렵게 되었다.

이러한 상황에서 마침내 1950년 6월 25일(일요일) 새벽 4시, 단비가 촉촉이 내리는 가운데 약 30분간에 걸친 공격준비사격이 끝나자 북한군은 38도선 전역에서 일제히 남침을 개시하였으며, 1953년 7월 27일 판문점에서 열림 제 159차 본회담에서 유엔군과 북한군 · 중공군 대표들이 정전협정에 서명하고 그날 22시에 발효되어 전선에서 포성이 멎기까지 3년1개월 동안 공방이 지속되었다.

전쟁의 시련을 극복한 국군은 정전 당시 양적 · 질적으로 크게 성장하였는데, 육군은 3개 군단 18개 사단에 총 병력 55만 명의 전력을 갖추게 되었으며, 해군은 6개의 전대로 출발하여 함대로 성장하였고, 공군도 독립작전 능력을 구비한 1개 전투비행단과 1개의 훈련비행단, 전투기 80대를 보유하는 등 명실상부한 국군으로서의 면모를 갖추게 되었다.

3. 국군의 발전사

가. 국군의 재정비와 확고한 전 방위 군사대비태세 유지

1953년 7월 27일 정전협정 조인으로 포성이 멎고 한반도에는 평화가 찾아오는 듯 했으나, 북한은 지속적인 병력증강과 신무기 도입 등을 추진하는 동시에 제반 군수공장을 확장하는 등 전력증강에 주력하였다. 이에 우리 군은 북한의 다양하고 복합적인 도발 위협을 고려하여 군사대비태세를 보완하고 있다. 현재 운용 중인 전력의 취약 분야를 우선적으로 보강하여, 현존 전력의 효율성을 극대화하는 가운데 한미 연합방위태세를 근간으로 확고한 군사대비태세를 유지하고 있다.

이를 위해 우리 군은 합동참모본부의 조직을 강화하고, 주한미군과 증원전력을 효율적으로 운용하며, 조기경보 및 위기관리체계를 확립하는데 노력해왔다. 합참은 전시작전통제권 전환에 대비하여 한국군 주도의 전쟁수행체계를 구축하기 위해 한반도의 모든 작전요소를 동시에 통합 운용할

수 있도록 조직과 지휘구조를 확대 개편하였다.[29]

또한 미군 증원전력은 유사시 대한민국 방위를 지원하기 위해 투입되는 것으로서, 육·해·공군과 해병대를 포함하여 병력 69만여 명, 함정 160여 척, 항공기 2,000여대의 규모이다. 미 증원전력은 위기상황 전개에 따라 '신속억제방안(FDO)', '전투력증강(FMP)', '시차별부대전개제원(TPFDD)'으로 구분된다. '신속억제방안'은 전쟁 발발 이전 위기상황에서 전쟁 억제를 위해 시행하는 외교·정보·군사·경제적 방안으로 130여 개의 항목으로 구성되어 있다. '전투력증강'은 전쟁 억제에 실패할 경우에 대비하여 전쟁 초기 증원되는 주요 전투부대와 전투지원부대이다. 여기에는 긴급전개 항공기, 항공모함전투단 등의 주요 전력이 포함된다.[30]

그리고 조기경보 및 위기관리체계 확립을 위해 신호·영상자산 및 인공위성 등 한미 연합정보자산을 운용하여 연합정보감시태세를 유지하고, 한미가 공동으로 위협 징후를 식

29 국방부, 『국방백서 2010』, (서울: 국방부, 2010), p.40.
30 위의 책, p.44.

별 · 평가하고 있다. 국방부는 다양한 유형의 위협에 대비한 계획과 각종 위기상황에 효과적으로 대응하기 위해 위기관리 시스템을 구비하고 있다. 특히 천안함 피격사건 이후 상황보고와 전파체계를 포함한 초동조치 매뉴얼과 전반적인 운영 시스템을 보완하였다.

나. 민 · 관 · 군 · 경 통합방위태세 확립

북한의 군사 위협이 지속되는 가운데 초국가적 · 비군사적 위협이 증대됨에 따라 이에 대비하기 위한 민 · 관 · 군 · 경의 통일된 노력과 행동이 무엇보다 중요하다. 따라서 국방부는 관련 법규를 개정하는 등 민 · 관 · 군 · 경의 통합방위체제를 구축하고 통합방위작전태세를 확립하기 위해 다양한 노력을 지속하고 있다. 이러한 상황에서 우리 군은 국방부에서 각 군에 이르기까지 대대적으로 조직 및 제법 령의 제정 · 정비를 추진하였고, 1961년 6월 1일 학생군사훈련단(ROTC)을 창설하였으며, 1.21사건 직후인 1968년 4월 1일에는 향토예비군 창설식을 갖는 등 내부적인 역량을 강화하는

데 총력을 기울였다.

특히 향토예비군은 온 국민이 내 나라는 내가 지킨다는 의지와 한 손에 망치 들고 건설하면서 한 손에 총칼 들고 나가 싸우자는 기치 아래 하나로 뭉치는 계기가 되었다. 여기서 주목할 만한 것은 남자들은 당연히 나서야 하지만 여자들까지도 적극적으로 나서는 현상이 발생했고 그 대표적인 인물로 육군36사단 마영희, 이하나 모녀 예비군이다.[31]

| 전군 첫 모녀 예비군. 육군36사단 평창 여성예비군소대 어머니 마영희(왼쪽) 소대장과 딸 이하나씨

31 김종원, "첫 母女 예비군 나왔다", 『국방일보』, 2012.10.9. 참조.

정부는 1995년 지방자치제도 시행에 따라 향토방위에 대한 지방자치단체장의 역할과 기능을 확대하는 방향으로 통합방위체제를 발전시켜 왔다. 통합방위체제는 통합방위본부를 중심으로 중앙통합방위협의회, 지역통합방위협의회, 통합방위지원본부, 기타 지역 군사령관, 지방경찰청, 국가중요시설 등의 국가방위요소로 구성된다. 또한 향토방위작전은 예비군을 동원하여 책임지역을 방어하는 민·관·군·경 통합작전이다. 이를 통해 침투한 무장공비와 특수작전부대를 소탕하며, 무장소요 발생 시 이를 진압하고, 중요 시설과 병참선을 방호함으로써 후방 지역안정을 유지한다.

다. 초국가적·비군사적 위협 대비태세 발전

우리 군은 북한의 군사적 위협에 확고한 대비태세를 유지하면서 테러, 해적 행위, 사이버 공격, 재난 등 초국가적·비군사적 위협에도 즉각 대응할 수 있도록 편성과 임무수행체계를 구비하고 있다. 유관기관과 정보공유체계를 유지하고 합동훈련을 실시하는 등 각종 위협에 효율적으로 대응하기 위한 노력을 강화하고 있다. 세계 여러 지역에서 대규모 인명 피해를 야기하고 있는 급조폭발물에 대한 정부와 군의 합동대응능력을 향상시키고, 유형별 연합대테러훈련을 확대하고 있다. 2010년 '군사시설 테러 대응 매뉴얼'을 개정하여 기관별·기능별 대테러 임무수행체계를 재정립하였다. 2009년 발생한 우리 정부기관 웹 사이트에 대한 대대적인 디도스(DDoS)[32] 공격 등 최근 급증하고 있는 사이버 테러에 대응하고 있다. 2009년 9월 「국방사이버위기 종합대책」을 수립하고 2010년 1월 사이버사령부를 창설하여 국방 정보체계에 대한 사이버 위협을 통합적으로 관리하고 있다.

초국가적·비군사적 위협은 주체와 수단이 다양할 뿐만 아니라, 위협의 영역이 광범위하고 확산 속도가 빠르며 사전 예측도 어려워 한 국가의 노력만으로 대응하기에는 한계가 있다. 따라서 국제기구, 지역기구, 다자안보협의체를 중심으로 한 지역 및 국제적 차원의 협력은 필수적이다. 우리

---

32 디도스(DDoS: Distribute Denial of Service): 여러 대의 컴퓨터를 일제히 동작하게 하여 특정 사이트를 공격하는 해킹 방식

군도 초국가적·비군사적 위협에 대한 지역 및 국제사회의 대응 노력에 적극 동참하고 있다. 2009년 3월부터 아덴만에 청해부대를 파견하여 우리 선박의 안전한 통항을 지원하고 대(對)해적 작전을 성공적으로 수행하고 있다.

| 청해부대 해적 검거 작전, 2009년 8월, 아덴만

마. 미래지향적 한·미군사동맹의 발전과 해외 파병

한미동맹은 안보환경 변화에 따라 꾸준히 발전해 왔으며, 지난 60여 년 동안 한반도와 동북아 지역의 평화와 안정에 기여해 왔다. 한미 양국은 다양한 미래 안보위협에 능동적으로 대응하기 위해 한미동맹을 발전하여왔다. 양국은 상호 협의 하에 전시작전통제권의 전환과 주한미군 재배치를 추진하는 한편, 국제평화유지활동, 안정화작전 및 재건작전, 인도주의적 지원 및 재난구호 등 다양한 분야에서 상호 협력하고 있다. 한미 양국은 자유민주주의, 인권, 시장경제 등 인류 보편적 가치를 공유하고 있으며, 상호 신뢰와 존중을 바탕으로 긴밀한 군사안보 공조체제를 발전시켜 왔다. 이제는 한 걸음 더 나아가 경제 · 사회 · 문화 분야에서도 상호 협력을 심화하고 있으며 양자 · 지역 · 범세계적 범주의 동맹을 구축해 나가고 있다.

국방부는 매년 봄 · 가을 모두 여덟 차례에 걸쳐 주한미군 장병들에게 서울시내 고궁, 한국민속촌, 전쟁기념관 견학 등을 통해 우리 문화를 소개하고 있다. '영원한 친구(Friends Forever)'라고 불리는 프로그램을 통해 매년 600여 명의 미군들이 문화유산을 둘러보고 민속놀이와 춤, 전통음악을 접하는 기회를 갖고 있다. 이에 한미연합군사령부는 '좋은 이웃 프로그램(Good Neighbor Program)'으로 양국 간의 문화적 교류와 지역사회와의 친선 활동을 추진하고 있다. 이 프로그램에서 주한미군이 직접 주관하는 교류활동은 우리 정부, 언론계, 기업계, 학계의 중견 지도자들에게 한미연합사령부의 역할과 현안 업무를 소개하는 '지도자 오리엔테이션 프로그램(Executive Orientation Program)', 우리나라 학생을 대상으로 하는 '좋은 이웃 영어 캠프(Good Neighbor English Camp)', 좋은 이웃상 시상식(Good Neighbor Award), 사령관 자문단 운용, 고교생과 참전용사와의 만남 등이 있다.

한편 1960년대 당시 우리는 군뿐만 아니라 국가적으로 최대의 현안인 베트남전쟁과 우리 군의 파병문제에 부딪혔다. 미국의 베트남전 개입이 확대됨에 따라 이러한 영향은 곧 우리나라에 대한 미국의 방위공약과 한반도에 있어서 주한미군의 전쟁 억제력의 역할마저도 불안하게 하였다. 실제 주한미군의 일부 철수 가능성이 부각되자 국방부도 파병문제를 신중하게 검토하지 않을 수 없었다. 이는 아시아의 평화와 자유를 수호하고, 6·25당시 자유 우방국들이 우리를 도와 준 데 대해 보답한다는 뜻과 파병을 통해 국가안보에 대한 미국의 확고한 보장을 받음은 물론 이를 조건으로 그동안 감소되었던 대한군사원조의 증액을 기대할 수 있다는 뜻에서 취해진 것이다.

그 결과 한국군은 총 4만 8천여 명의 병력을 파병하였으며, 주월한국군사령부는 예하에 야전사령부와 군수지원사령부를 거느린 군단편제 규모로 증대되었다. 베트남 파병으로 우리 한국군은 작전활동과 대민지원을 병행하여 평화의 십자군으로서의 국위를 선양하였으며, 지대한 전과를 획득함은 물론 전투경험을 축적할 수 있었다. 또한 공고한 한·미 안보협력체제를 구축하고, 국방력 강화를 촉진하는 기틀을 마련하였으며, 경제적으로도 베트남 특수에 힘입어 약 10억 달러의 외화를 획득함으로써 경제개발계획을 성공적으로 추진하는 계기가 되었다.

또한 해외 파병과 관련하여 유엔 평화유지활동은 국가 간의 분쟁을 평화적으로 해결하기 위해 1948년 팔레스타인정전감시단(UNTSO)을 설치하면서 시작되었다. 지난 60년 간 120여 개 국가 60개 지역에서 연인원 약 100만 명이 참여하여 분쟁 지역의 정전감시 및 재건지원 등 임무를 수행하였으며, 2010년 11월 현재 18개국 19개 지역에 9만 9,000여 명이 파견되어 임무를 수행하고 있다. 1991년 유엔 회원국으로 가입한 대한민국은 1993년 7월 소말리아평화유지단(UNOSOM-II)에 공병부대를 파병한 이후 지금까지 16개국에 연인원 5,000여 명을 파견하여 유엔 평화유지활동에 참여해 오고 있다. 2010년 11월 말, 레바논 동명부대 359명, 아이티 단비부대 240명 등 총 640명이 유엔 평화유지활동을 수행하고 있다.

ㅣ 단비부대 현지주민 진료 10,000명 돌파 기념, 2010년 9월, 아이티

지금까지 우리 군이 온갖 시련과 국난을 극복하고 오늘의 선진강군으로 우뚝 설 수 있었던 과정을 살펴보았다. 국군의 정신적 뿌리였던 의병에서부터 시작하여 독립군, 광복군을 거쳐 국군으로 건군한 과정이 그것이다. 지난 시기의 국

군의 역사를 돌아볼 때 창군 초기의 온갖 역경과 시련을 극복하면서 오늘의 막강한 군대로 꾸준히 성장하게 된 것은 애국충정에 불타는 선열들의 고귀한 희생과 군을 거쳐 간 선배전우들의 헌신적인 노력의 결과이다. 이처럼 우리 군의 역사적 전통은 선배 전우들의 피와 땀으로 이루어진 매우 소중한 자산이며, 이제 이를 미래지향적으로 더욱 발전시키는 것은 우리의 몫이다.

요컨대 우리는 국군의 역사창조와 발전의 주역이다. 이는 계급의 고하나 직책의 경중과는 관계가 없다. 우리는 각자의 계급과 직책에 자부심을 가지고 주어진 위치에서 최선을 다해 우리 국군을 더욱 발전시켜 나가야 한다. 그리하여 민족통일과 국가번영이라는 시대적 소명 앞에서 우리는 군인으로서 정예 화된 선진강군을 육성하는데 혼신의 노력을 다하여, 자랑스러운 우리 군의 새로운 역사를 창조해 나가야 할 것이다.

문답식 주제

1. 우리 국군의 정신적 뿌리는 어디에서부터 비롯되었으며, 그 가치는 무엇인가?

우리 국군의 정신적 뿌리는 구한말 의병운동과 일제 강점기의 독립군, 광복군에 의해 전개되었던 항일 독립전쟁에서 찾을 수 있다. 항일 의병운동은 1894년 동학혁명과 청·일 전쟁을 시발로 전개되기 시작했고, 이듬해 발생한 명성황후 시해사건과 단발령에 자극을 받아 전국적으로 확대되었다.

특히 한국의 근·현대사에서 자유의 수호와 국권회복을 위한 항일투쟁으로서의 의병운동 정신은 오늘날 우리 정부의 전신인 대한민국 임시정부가 추진한 독립운동의 정신이었다는 점에서 그 가치와 의의가 매우 크다 하겠다. 역사적으로 대한민국 임시정부는 거족적인 3·1운동의 결실이었고, 그로 인하여 독립운동의 한 중심에 서 있었다. 그리고 그

3·1운동의 핵심적 정신 역시 항일 의병정신에서 나왔다고 할 수 있다. 동시에 국가를 지키는 국군의 정신적 뿌리인 동시에 개인의 자유를 수호하는 중요한 가치임을 알 수 있다.

2. 국군의 창설과 건군과정에서 누가 어떠한 역할을 수행했으며, 그 과정에서 가장 인상 깊었던 인물은 누구인가? 그 이유는 무엇인가?

국군의 창설과 건군은 국방경비대의 창설과 해군의 전신인 해방병단에서 시작되었다. 이 과정에서 주요 역할을 담당한 인물은 이범석, 이응준, 손원일 등이다. 이 중 특히 해군 창설에서 인상 깊은 인물은 바로 손원일 해군제독이다. 손원일은 육군의 전신인 국방경비대를 창설하기 위한 논의가 한창이던 1945년 11월 11일 해군의 전신격인 해방병단(海防兵團)을 자발적으로 조직했다. 해군의 창설이 육군보다 빨랐다는 해석은 바로 당시 손원일 등이 주축이 되어 군정청 해사국의 협력을 받아 200명의 단원을 모아 해안경비대를 조직키로 하고 그날 해방병단 결단식을 거행한 데서 비롯된 것이다. 법제적인 승인이 있었던 것은 아니지만 손원일 등의 노력으로 해방병단은 사실상의 해안경비대로 인정됐고, 모든 항만시설 보전을 비롯, 해난구조 임무를 수행했다. 국군의 날이 10월 1일로 정해지기 전 각 군이 자체적으로 창설일 을 기념하던 무렵 11월 11일을 해군 창설일로 삼은 것도 그러한 이유 때문이다.

3. 건국이후 국군이 나라의 발전과정에서 호국과 부국을 위한 활동 중에서 가장 인상 깊었던 일은 무엇인가? 왜 그렇게 생각하는가?

국군의 호국을 위한 활동 중에서 가장 인상 깊었던 일은 해방 직후 국내 남로당 및 좌익세력들의 준동을 척결한 것과 6·25전쟁에서 나라를 지킨 일이다. 물론 유엔군의 활약이 중요했으나 결국 국가 수호를 위해 혼신의 힘을 기울인 국군이 아니었다면 유엔군도 우리를 돕지 않았을 것이다. 국군은 6·25 남침전쟁에서 국가를 방위함으로써 대한민국뿐 아니라 자유세계의 평화와 번영을 지켜냈다. 그런 면에서 '하늘은 스스로 돕는 자를 돕는다.'는 격언이 새삼 떠오르게 된다. 또한 부국과정에서 군은 국가 근대화의 기반이 되어 정치를 안정시킴으로써 한강의 기적을 가능하게 했다. 당시의 국군은 조직 및 제도면에서 미국식 선진(先進) 조직경영 기법을 가장 먼저 배워와 근대화 시기에 행정조직과 기업경영 사회 전 분야에 가르쳐주었다. 국군은 또 월남(越南)파병을 통해서 해외로 뻗어나가는 한민족의 선도자가 되었다.

4. 우리나라 대한민국의 호국과 부국과정에서 국군이 기여한바 중에서 어떤 부분에 대해 자부심을 느끼는가? 그 이유는 무엇인가?

국군이 대한민국 호국과정에서 기여한 부분은 한두 가지가 아니다. 그 중 6·25전쟁을 전후하여 수많은 악조건과 열세 가운데서도 오로지 국가를 위해 자기 한 목숨을 기꺼이 바치는 그 애국 충정과 희생정신에 무한한 자부심을 느낀다. 특히 육탄10용사의 신화는 잊을 수 없다. 그리고 끝까지 국가를 수호하겠다는 의지 때문에 국제연합의 지원도 지속적으로 끌어들일 수 있었던 것은 월남의 운명과 차별화된 우리 국군의 결정적 기여라고 할 수 있다. 또한 부국의 과정에서는 나라가 근대화 이전의 정비되지 못한 시스템 속에서 군이 먼저 선진국의 제도와 경영기법을 체득하여 이를 사회에 전파함으로써 산업화와 근대화를 앞당길 수 있도록 견인차 역할을 한 부분이 큰 자부심을 가지게 했다.

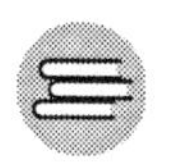

〈읽기자료〉 한국광복군선언문

1940년 9월 15일 임시정부는 광복군창설위원회 위원장 김구 선생 명의로 광복군을 창설한다는 내용의 '한국광복군선언문'을 발표하였다. 그 내용은 다음과 같다. "대한민국 임시정부는 대한민국 원년(1919년)에 정부가 공포한 군사조직법에 의거하여 중화민국 총통 장개석 원수의 특별 허락으로 중화민국 영토 내에서 광복군을 조직하고 대한민국 22년(1940년) 9월 17일 한국광복군 총사령부를 창설함을 선언한다. 한국광복군은 중화민국 국민과 합작하여 우리 두 나라가 독립을 회복하고자 공동의 적인 일본제국주의자를 타도하기 위하여 연합군의 일원으로 항전을 계속한다. 과거 30여 년간 일본이 우리나라를 병합 통치하는 동안 우리 민족의 확고한 독립 정신은 불명예스러운 노예 생활에서 벗어나기 위하여 무자비한 압박자에 대한 영웅적 항쟁을 계속하여 왔다. 영광스러운 중화민국의 항전이 4개년에 도달한 이래 우리는 큰 희망을 갖고 우리나라의 독립을 위하여 우리의 전투력을 강화할 시기가 왔다고 확신한다. 우리는 중화민국 최고 영수 장개석 원수의 한국민족에 대한 원대한 정책을 채택함을 기뻐하며 감사의 찬사를 보내는 바이다. 우리 국가의 해방 운동과 특히 우리들의 압박자 왜적(倭敵)에 대한 무장 항전의 준비는 그의 도의적 지원으로 크게 고무되는 바이다. 우리들은 한·중 연합 전선에서 우리 스스로의 계속 부단한 투쟁을 감행하여 극동 및 아세아 인민 중에서 자유·평등을 쟁취할 것을 약속하는 바이다.

대한민국 서기 1940년 9월 15일
대한민국 임시정부 주석
한국광복군 창설 위원회 위원장 김 구

〈읽기자료〉 해군의 날과 빼빼로 데이

해군 창설일은 11월 11일이다. 그런데 이 날과 관련하여 최근 우리 사회에 재미있는 현상이 나타나고 있다. 바로 1자가 4개나 겹치는 날로 '빼빼로'라는 과자가 1년 중 가장 많이 팔리는 날이다. 특히 이날은 평소 호감 있는 남녀 또는 커플이 서로 빼빼 로를 교환하며 마음을 확인한다. 이 틈을 놓치지 않은 기업은 그들을 겨냥해 다양한 이벤트나 기획 상품을 준비하여 톡톡히 재미를 보고 있는 것이다. 빼빼로는 초콜릿과 비스킷을 조화시켜 선보이면서부터 시작됐다. 널리 사랑받는 이유는 맛이 아니라 날씬하게 생긴 특이한 모습 때문이다.

그런데 이날이 대한민국 해군이 탄생한 날이라는 사실을 아는 사람은 드물다. 광복 직후인 45년 11월 11일 손원일 제독 등 70여 명의 바다 사나이가 서울 종로구 관훈동 표훈전에서 해방병단을 만들었다. 그리고 열차를 타고 경상남도 진해로 내려가 11월 14일 진해군항 항무 청에 태극기를 게양하고 첫 집무를 시작했던 것이다. '바다를 지배하는 자 세계를 지배한다.'고 했다. 그만큼 인류에 바다는 삶의 터전이요, 전략안보상 매우 중요하기 때문이다. 미래 자원의 보고인 바다를 지배하는 해군력의 수준은 세 가지로 구분할 수 있다. 첫째는 '바다로!'를 외치는 해군, 즉 To the Sea, 그리고 둘째는 '바다 위에서'를 자랑하는 On the Sea, 그리고 세 번째는 '바다로부터'로 위협을 주는 From the Sea(Navy)다.

우리 해군은 창설 당시 필요한 함정이나 무기를 갖춘 게 아니라 미 해군으로부터 퇴역 함정을 넘겨받았다. 그래서 양적으로는 어느 정도 규모를 갖춘 듯했지만, 질적으로는 그렇지 못해 기형적일 수밖에 없었다. 이러한 구조적인 모순을 극복하기 위해 지난 90년부터 적극적인 노력을 했다. 92년 우리 해군의 숙원인 잠수함(장보고함) 진수를 시작으로 95년에는 안병태 해군참모총장이 대양해군의 기치를 내걸고 처음으로 '바다로!'를 외치는 To the Sea를 거론했던 것이다. 바다를 통해 들어오는 모든 위협은 바다에서 막겠다는 균형 전략과 유사한 대양해군 전략을 채택해 96년 한국형 구축함인 광개토대왕함을, 이어 세종대왕급 이지스 구축함과 독도급 대형 상륙함을 진수시켜, 한반도 동서남해에 실전 배치했다.

국토를 지키고 국민의 재산과 생명을 보호하기 위해서는 강한 군사력이 있어야 한다. 물론 만약 일어날지도 모르는 전쟁에 대한 준비의 성격도 있지만, 꼭 전쟁이 발발하지 않더라도 상대를 압박하는 전력이 있어야 평화를 유지할 수가 있기 때문이다. 우리나라는 삼면이 바다로 둘러싸여 있는 지형적 특성이 있고 일본과 중국 · 러시아 등 주변의 열강 사이에 끼어 있다. 이러한 처지에서의 우리 국군에 대한 관심과 사랑, 그리고 대한민국 해군 창설 기념일이 바로 빼빼로 데이와 같은 날임을 상기하면서 국토방위에 여념이 없는 국군과 해군에 감사한 마음과 축하의 박수를 보낸다.[33]

33 김철수, "시론-빼빼로데이와 해군의 날", 『국방일보』, 2012.11.9.

제3장

세계와 함께 하는 한국군

우리는 지금 글로벌시대에 살고 있다. 동시에 우리는 분쟁의 시대에 살고 있다. 우리가 살고 있는 국제사회는 미·소 강대국에 의한 냉전체제가 붕괴됨에 따른 세계질서의 재편 과정에서 국경, 인종, 종교, 자원, 마약 등의 다양한 갈등요인 증가와 함께 분쟁으로 이어지고 있다.[34] 우리 대한민국도 이러한 세계분쟁 지역 중의 하나다. 한반도는 아직도 종전(終戰)이 아닌 휴전상태이다. 1950년 6월 25일 북한군이 기습남침을 감행하여 위기를 당했을 때 우리를 구해 준 것은 바로 유엔군이었다. 유엔은 안전보장이사회를 소집하여 북한의 무력도발을 평화의 파괴행위로 규정하고 파병 결의안

34 국방부, 『유엔평화유지 활동(PKO)의 실체』(서울: 국방부, 1994), pp.23-24.

을 가결[35]했고, 지원군을 보내주었다.[36] 그런 면에서 우리는 앞으로 세계 평화를 위한 국제적 협력 대열에 우리 한국군 파견을 포함하여 적극적으로 참여해야 할 것이다.

더구나 오늘날의 국제적 안전보장 시스템은 냉전시대의 국제질서와는 다르다. 즉 냉전시대의 질서는 미국 중심의 자유민주주의와 구소련 중심의 공산진영이 서로의 영향력 확보를 위한 경쟁적 개입 중심이었지만, 구소련이 붕괴된 오늘날은 강대국들의 개입 이유가 없게 되었고, 대신 유엔이 분쟁관리의 중심세력으로 등장하게 되었다. 따라서 국가간 갈등과 분쟁을 해결하기 위한 유엔의 등장이 탈냉전의 큰 그림이 되었다.[37] 이처럼 본격적인 글로벌시대를 맞이하

35 유엔군의 파병 안은 소련이 불참한 가운데 찬성 7표, 반대 1표, 기권 2표로 가결되었다. 그러자 선발대로 미군의 스미스 특수임무부대가 7월 1일 부산에 도착했고 이어서 미 제24사단 주력부대들도 속속 부산에 상륙하는 등 8월 23일까지 7개국으로부터 약 25,000명의 전투 병력을 지원받았다.

36 박윤식, 『잊을 수 없는 6.25 전쟁』(서울: 휘선출판사, 2012), p.11.

37 김열수 "최근 평화유지활동의 변화방향과 대응전략" 『PKO 저널』 창간호(국방대학교, 2010.8)

여 우리는 세계 평화유지를 위해서라도 주변국과의 갈등관계보다는 교류협력을 강화하며, 다자안보 및 국제협력체계 구축, 국제평화유지활동 등에도 적극 기여하는 등 세계와 함께 공조체제를 구축해야 할 것이다.

1. 안보개념의 다변화와 세계화

오늘날의 안보환경은 미국과 소련에 의한 냉전체제가 종식되면서 많은 변화를 맞이했다. 세계화, 정보화, 다양화 등 국제문명의 조류 변화와 진전과 함께 전통적으로 중시해오던 군사중심의 안보에서 경제, 생태, 사회문제 등을 포함하는 포괄적 안보(comprehensive security) 개념으로 확대되기에 이르렀다. 부잔(Barry Buzan)과 같은 학자는 정치, 경제, 사회, 환경, 군사 등의 분야로 포괄적 안보를 구분해서 정의했다. 첫째, 정치안보는 국가의 안정성에 관심을 두고, 국가의 정체성, 정부이념 등의 유기적 안정성을 중요하게 다룬다. 둘째, 경제안보는 적절한 국민복지 수준과 국가의 힘을 유지하기 위하여 필요한 자원, 재정, 시장의 확보와 접근이 중시된다. 셋째, 사회 안보는 발전적 조건에 유의하면서 언어, 문화, 종교, 관습과 국가정체의 전통적 유형을 유지하는 것을 중시한다. 넷째, 환경안보는 모든 인류 사회 조직들을 지원하는 주요 체계로써 지역과 우주생태계의 유지가 주요한 관심 영역이다. 다섯째, 군사안보는 국가의 군사적 방위와 공

격 능력을 유지하는 것이다.[38]

이와 같은 안보범위 포괄성이외에도 군사안보 영역내의 질적 · 양적인 변화도 있다. 즉 전통적인 군사위협이 초국가적 · 비군사적 위협 양상을 가지되었다. 대량살상무기(WMD) 확산, 테러, 해적, 사이버 공격 등 초국가적 위협이 증대되고 전염성 질병, 자연재해, 지구온난화, 환경오염 등 비군사적 위협도 주요안보 현안으로 부상하고 있다.[39] 동시에 영유권 분쟁, 자원 분쟁, 에너지 문제 등과 같은 비군사적 안보위협 요인들이 중요한 문제로 제기되면서 안보환경의 불확실성과 불안정성이 더욱 증대되었다.

이와 같은 안보개념의 복잡한 변화를 통칭하여 비전통적 안보(non traditional security)라고 말한다. 이러한 비전통적 안보

---

38 Barry Buzan, *People, States and Fear: An Agenda for International Security Studies in the Post-Cold War Era*, 2nd ed., New York: Harvester Wheatheaf, 1991, p.19; 한용섭 국방대 부총장은 '군사안보' 대신에 '인간안보'(Human Security)를 포함하고 있다. 한용섭, 『국방정책론』, 박영사, 2012, p.61.

39 국방부, 『국방백서 2010』, (서울: 국방부, 2010), p.8.

는 기존의 전통적 안보가 수직적, 수평적으로 확대되어 안보주체의 다양화와 안보영역의 확장으로 요약된다. 비전통적 안보는 초국가적, 비군사적 위협이 많은 부분을 차지하기 때문에 한 국가만의 힘으로 해결할 수 없어서 다자적 협력을 필요로 한다.

우리나라 한국군도 이러한 조류에 적극 부응하기 위해 다양한 활동에 참여하고 있다. 그 중에서도 가장 대표적인 것이 UN 평화유지활동(PKO)이다. 2010년 11월 기준으로 한국군의 UN PKO와 다국적군 PKO 파병현황은 17개 지역에 약 1,200명 규모이다.[40] 우리군은 PKO 작전에 참여하게 되면서 다른 여러 나라 군대와 다국적 공조체제를 구축하여 실제작전을 체험하고 있으며 육·해·공군 모두 이를 소중한 자산으로 활용하고 있다.

둘째, 대량살상무기 확산방지구상(PSI)을 위한 활동에 참여하고 있다. PSI의 목적은 WMD관련 장비, 물질, 기술의 거래를 하지 못하도록 대확산동반관계자그물망을 구축하

---

40 위의 책, p.297.

고, 해상 · 지상 · 공중을 통한 WMD 거래를 차단하기 위한 국제적 행동을 추진하는 것이다. 이를 통해 우리군은 다차원적 미래전쟁양상을 간접 체험할 수 있는 좋은 경험을 얻고 있다.

셋째, 아태지역 국가 군최고회의(CHOD)에 대한 참여이다. 이 군최고회의는 전통적 군사위협보다는 아태지역 국가들이 공통적으로 직면하고 있는 비전통적 위협에 관한 안보현안을 논의하는 것인데, 군 고위급간의 친선교류를 도모하는 데 큰 기여를 하고 있다.

넷째, 범세계적 평화작전 구상(GPOI) 연습 참여이다. 이 연습은 미태평양사를 중심으로 실시된다. 주로 이 연습은 미국과 몽골이 주관하지만 PKO 작전에 대한 대비연습에 주안을 두고 있다.

다섯째, 걸프만협력기구(GCC) 연습 참여이다. 이 연습은 걸프 만 협력기구의 국가급 위기조치 연습으로서 우리나라는 2008년부터 참가하고 있다. 주로 장성 급이 참여하고 있기 때문에 거시적인 군사력 운용에 많은 도움을 받고 있다.

이렇듯 우리 한국군의 비전통적 안보위협에 대응하기 위

한 노력은 다양하게 이루어지고 있다. 그 중에서도 의무복무를 하고 있는 우리 장병들과 밀접한 관련이 있는 것은 PKO이다.

2. 한국군의 유엔 평화유지군

가. 도움 받은 나라에서 도움을 주는 나라로

우리는 6·25전쟁의 아픔을 딛고 성장과 발전을 거듭하여 드디어 세계 속에 우뚝 선 대한민국으로 그 위상을 높였다. 이 시점에서 우리가 생각해야 할 것은 과거의 어려운 시절에 우리에게 보내준 도움의 손길을 잊지 않는 일이다. 그리고 우리도 이제는 도움이 필요한 곳에 손길을 내미는 것이 도리이기도 하다. 6·25전쟁 당시 북한의 기습 남침을 스스로 막아낼 힘이 없어 어려움을 당할 때 유엔은 자유 대한민국 수호를 위해 즉각적인 참전을 결의했고, 많은 나라가 우리를 돕기 위해 아낌없이 지원했다.

1950년 6월 25일 한국에서 전쟁이 발발하자 유엔은 북한을 침략자로 규정하고 위기에 처한 대한민국을 돕기 위해 지원군을 파견하기로 결정하였다. 이러한 국제 사회의 요구에 부응하여 16개국에서 전투병을 파견해 주었고 이들은 풍전등화의 위기에 놓였던 대한민국을 구원한 결정적인 힘이 되었다. 그러한 고마운 나라들 중에 전쟁 발발 한달 만에 한 척의 구축함을 파견하고 11월에는 1개 대대규모의 지상군을 파견한 프랑스도 있었다. 이들은 한국전쟁 참전 기간 동안 지평리 전투를 비롯한 수많은 전투에서 전사에 길이 남을 만한 놀라운 무공을 기록하였다. 그런데 부대원의 전투력이나 부대의 규모와 상관없이 서로 상이한 성격의 부대 출신 대원들을 하나로 통솔하기는 그리 쉬운 일이 아니었고 그렇다보니 처음 부대 창설 당시부터 프랑스 군 당국은 많은 고민을 하였다.

바로 이때 무려 자신의 계급을 자진 강등하면서 부대를 통솔하겠다고 나선 이가 있었다. 랄프 몽클라르(Ralph Monclar) 중장이었다. 그는 제1, 2차 세계대전에 참전하였던 인물이었다. 그동안 전투에서 18번의 부상을 입었고 18번 훈장을 받은 명장이었다. 그는 종전 후 3성 장군에까지 오른 프랑스군의 핵심이었다. 그러한 그가 스스로 계급을 무려 5단계나 하향한 중령으로 낮추고 또 다시 전쟁에 참전하기로 결심한 것인데, 이유는 부대가 대대규모였기 때문이었다. 처음에는 장군이 어떻게 대대장을 맡느냐며 프랑스 국방차관이 직접

만류하였지만 "계급은 중요하지 않다. 곧 태어날 자식에게 유엔군의 한 사람으로서 평화라는 숭고한 가치를 위해 참전했다는 긍지를 물려주고 싶다"며 뜻을 굽히지 않았다.

| 지평리 전투 후 미 8군 사령관 리지웨이와 함께 한 몽클라르

이렇게 우여곡절 끝에 편성 된 프랑스 대대가 지구를 반 바퀴 돌아 한반도에 도착하였을 때는 중공군의 참전으로 전세가 뒤집혀 유엔군이 어려운 시기였다. 스스로 강등을 자

처한 대대장 몽클라르는 자신과 프랑스 대대에게 명령을 내리는 미군 지휘관들이 자신보다 군 경력이 짧고 나이가 어린 경우가 많았음에도 이를 결코 개의치 않았고 포탄이 난무하는 최 일선에서 부대를 진두지휘하였다. 특히 그의 용기와 지휘력이 빛난 사례는 1951년 2월 전세를 일거에 반전시킨 지평리 전투였다. 프랑스 대대는 무려 5배가 넘는 중공군을 격퇴시켰는데 당시 경험이 많은 몽클라르는 압도적인 적의 대공세에 당황하지 않았다. 최대한 적을 유인하여 일격을 가하고 적의 심리전에 역 심리전을 펼치며 육박전도 적극 구사하는 다양한 전술로 중공군을 무너뜨렸던 것이다. 결국 이 전투에서 심대한 타격을 입은 중공군은 야심만만하게 시도하였던 4차 공세를 중단할 수밖에 없었다. 이 전투의 의의는 실로 대단하여 유엔군이 지난 2개월간의 후퇴를 끝내고 재반격으로 전환되는 결정적 도화선이 되었다. 바로 직전까지 미 합참은 만일 50여 킬로를 더 후퇴하면 대한민국을 포기할 생각까지 하던 중이었다. 이를 이끈 몽클라르 대대장이 2012년에 대한민국 국가보훈처에서 정한 2월의 전쟁영웅으로 선정된 것은 너무나 당연한 일이었다.[41]

1950년 당시 전 세계에서 가장 가난했던 신생 독립국 대한민국을 아는 외국인은 거의 없었다. 대한민국이라는 이름조차도 들어 본 적이 없는 수많은 젊은이들이 자유민주주의를 수호하겠다는 일념으로 목숨을 아끼지 않고 이 나라와 국민들을 지켜 줬다. 당시 미국을 포함한 16개국 190여만 명이 전투 병력으로 참전했고, 인도 등 5개국 2,000여 명이 의료지원 활동을 펼쳤다.[42] 참전 인원 중 전사하거나 부상 · 실종 · 포로가 된 인원만 15만 명이 넘는다.[43]

우리나라가 건국의 과정에서, 그리고 6 · 25전쟁의 난국을 극복하는 데 있어 유엔을 중심으로 한 국제사회가 결정적 역할을 수행했다. 이러한 지원을 바탕으로 우리는 자유민주

41 국가보훈처, "2월의 전쟁영웅-랄프 몽클라르 장군", 이야기 N.A.R.A/august의 군사세계 2012/02/10. 참조.

42 직 · 간접적으로 참전한 국가는 무려 40개국에 이른다.

43 유엔안보리 결의안 제82호(1950.6.25): 북한군의 즉각적 철수 경고, 제83호(1950.6.27): 한국에 대한 원조 결의, 제84호(1950.7.7) 미국 주도의 회원국 참전 결의 김문화 "한국의 파병정책 발전방향", 『PKO저널』 창간호(국방대학교, 2010.8), p.10.

주의 체제를 수호할 수 있었다. 이후 우리나라는 산업화와 민주화를 동시에 이룩하면서 세계적인 국가로 성장했다. 오늘날 우리가 자유와 풍요를 누릴 수 있는 것은 우방국의 고귀한 희생과 지원이 있었음을 잊지 말아야 한다. 이제 우리 국군도 국제사회의 은혜에 보답하고 세계 평화유지를 위해 적극적인 지원활동을 펼쳐 나가야 한다.[44]

이처럼 유엔 평화유지활동을 확대하는 것은 이제 피할 수 없는 소명이다. 뿐만 아니라 유엔의 평화유지 활동에 적극 참여하여 국제사회의 일원으로서 본분을 다 할 때 6.25전쟁 당시 우리나라가 진 빚도 갚고 장차 한반도에서 남북한 간 무력 충돌이나 북한에서 급변사태가 발생하여 국제사회의 도움을 필요로 할 때 유엔이 적극적으로 도와 줄 수 있는 명분을 제공하게 된다.

44 우리의 유엔 분담금이 세계 11위이고 특히 평화유지활동에 대한 분담금이 10위인 반면에 유엔 평화유지활동의 규모는 32위에 머무르고 있는 것은 우리의 국제적 지위에 비해 매우 미흡하다; 2011년 4월 30일자 유엔 공식발표 자료 참고(http://www.un.org/en/peacekeeping/resources).

심지어 국군이 파병되었던 지역의 주민들은 대한민국 국군을 '신이 준 선물'로까지 여기고 있다. 그 이유는 한국 PKO가 다른 국가의 PKO와는 달리 현지 주민들에게 더 많이 다가가서 그들과 고통을 함께 나누고 진심으로 도와주었기 때문이다. 그 중에서도 동명부대는 대표적인 PKO이다.

레바논 동명부대는 2006년 7월 발생한 이스라엘과 헤즈볼라 간 교전 중재를 위해 채택된 유엔 안보리 결의안 1701호에 의해 2007년 7월 19일 남부 레바논 지역에 동명 1진 전개를 시작으로 평화유지작전을 수행 중이다. 동명부대가 2007년 이후 시행한 폭발물처리(EOD) 정찰은 2,000여 회에 이른다. 고정감시작전도 1만4000여 건이다. 그동안 단 한 건의 사고도 발생하지 않아 UNFIL로부터 "최고의 PKO부대"라는 찬사를 받고 있다.

| 동명부대 파병 환송식, 2012.7.19.

지난 2012년 3월에는 약 2억 원을 들여 제2코리아로드를 완공하여 기존 약 30분 정도 소요되던 디바와 알바주리아 두 도시를 잇는 구간을 5분으로 단축됐다. 이번 제2코리아로드는 지난해 7월 남부 레바논 지역도시 티르와 압바시아를 잇는 3㎞ 길이의 '코리아로드' 준공에 이어 두 번째 규모의 준공사업이다. 또 연 2회 현지 주민을 한국으로 초청하고 있는데 2008년 이후 올해 7월까지 9차에 걸쳐 총 152명이 방한해 한국의 발전상과 문화를 직접 체험하고 돌아갔다.

동명부대 파병 5주년 동안 복무한 장병은 총 3,600여 명에 달한다. 동명부대는 350여 명의 규모로 단독임무 수행이 가능하도록 편성돼 있다. 이들은 최정예 특전사 1개 대대를 모체로 평균 10대1의 높은 경쟁률을 뚫고 선발된 보병·공병·통신·의무·헌병·수송·정비 주특기를 가진 대원들로 구성됐다. UNIFIL 파병국 36개국 중 규모면에서 열 번째에 해당하는 규모다. 동명부대 의료 진료는 2012년 7월 현재 환자 4만6000명을 돌파했다. 동명부대가 지역주민들을 대상으로 실시하고 있는 한국어 교육에는 총 400여 명이 수료했다. 부대 의료팀은 군의관 3명, 간호장교 2명 등 정예화한 소수 인원으로 편성돼 있다. 이들은 지역 내 5개 마을을 주중 요일별로 순회해 주 1회씩 진료활동을 하고 있다. 또 수의장교 1명이 수행하는 수의진료도 큰 호응을 받고 있다.

동명부대 책임지역인 티르에는 5개 마을이 위치해 있으며 5만여 명이 거주하고 있다. 책임지역 내 수니파 무슬림인 부르글리야 마을을 제외하고 모두 시아파 마을이다. 정치적으로는 절대 다수가 헤즈볼라를 지지하고 있다. 팔레스타인 정착촌도 3개가 있다. 62년 전 6·25전쟁 당시 우리나라는 레바논으로부터 5만 달러의 물자지원을 받았다.[45]

| 출처: 파병장병을사랑하는사람들(http://cafe.daum.net/jcspao)
동명부대 장병들의 대민친선활동

또 한 가지 진척된 부분으로 한국에서 국군의 해외파병은 헌법 제60조 2항에 따라 국회의 동의를 받도록 되어있는데 그 과정이 오래 걸리기 때문에 결국 현장에 빨리 전개할 수 없다는 취약점이 존재하였으나,[46] '국제연합 평화유지활동

---

45 이영선, "완벽한 민·군 작전… '한국군 No.1' 인정", 『국방일보』, 2012.7.20. 참조

46 김열수, 앞의 글 pp.8-9.

참여에 관한 법률'(유엔 PKO 참여법)이 국회본회의에서 채택(2009년 12월 29일)되었고 2010년 발표됨으로써 이를 근거로 신속파병을 위한 상비체제가 갖추어졌다.[47]

나. 한국의 PKO 주요 활동

오늘날 국제사회의 안보위협 양상이 다양해지고 복잡해짐에 따라 그 대응 방법도 과거와는 다른 새로운 방식이 요구되고 있다. 초국가적 · 비군사적 위협은 어느 한 국가만의 단독 대응으로는 한계가 있어 동맹국 · 우호국을 비롯한 국제사회와의 협력이 절실히 요청되고 있다.

우리나라도 이러한 국제적 요구에 응하기 위해 1993년 7월 최초로 아프리카의 소말리아에 상록수부대(공병대대)를 파병(연인원 516명)한 이래 국제 평화유지활동(PKO)에 적극 참여해 지역재건, 의료지원 등 인도적 활동과 치안 유지 및 평화정착 지원업무를 수행하고 있다. 그리고 1994년 9월 서부 사하라 의

47 상비부대로서 국제평화지원단 온 누리 부대가 2010년 7월에 창설되었다.

묘지원단 파견(42명), 1995년 앙골라 야전공병단 파견(연인원 600명), 1999년 10월에는 동티모르에 상록수부대(보병부대, 연인원 3,328명)를 파견해 지역 재건과 치안 회복 임무를 수행했다. 특히 상록수수대의 경우 파병업무의 효율성을 위해 평화유지단 창설을 가져온 계기가 되기도 했었다.

건군 이래 두 번째 전투부대 파병이었던 420명 규모의 동티모르 파병은 2000년 9월 29일, 제522평화유지단을 창설하고, 부대의 별칭을 '동티모르 상록수부대'로 정했다. 한국은 1991년 9월, 유엔 회원국이 된 이후 소말리아 · 서부사하라 · 앙골라 등 3차례의 평화유지군 파병 경험을 갖고 있었지만 동티모르 파병은 앞서 있었던 3차례의 파병과는 근본적으로 다른 사안이었다. 이전의 파병은 전투와 직접 관련이 없는 파병이었지만 동티모르 상록수부대는 현지의 저항세력과 충돌할 가능성이 매우 높은 상황에서 파병되는 전투부대였기 때문이다.

| 지역 화합의 날 행사를 주선하고 있는 상록수부대원과 참가한 주민의 모습

상록수부대가 전개하기 직전까지 라우뗌 지역에는 1,000여 명에 가까운 민병대가 활동하고 있었다. 그러나 다국적군의 전개 소식에 그들의 대부분은 서티모르로 도주하거나 은밀한 곳에 숨어 있었다. 이 같은 상황에서 본대가 10월 22일 전개를 완료하면서 지역 내의 치안 상태는 빠른 속도로 안정을 회복했다. 상록수부대는 화해 및 난민 복귀 지원 등 평화유지활동을 보다 적극적으로 확대할 수 있었다. 한국군은 세계 곳곳의 분쟁 지역에 파견돼 '평화와 희망의 파랑새'로서 그 역할을

유감없이 발휘했다. 한국군의 평화유지활동의 근간은 참혹했던 6·25전쟁의 아픈 경험을 바탕으로 가슴속에서 우러난 존중과 배려였다. 그리고 진심 어린 따뜻한 손길과 눈길은 현지인들의 마음을 사로잡아 가는 곳마다 '코리아 넘버원'으로 인정받았다. 한국군에 의해 고대 실크로드는 아프간에서 레바논을 거쳐 아프리카 대륙까지 피스로드로 다시 닦여지고 있다.

평화유지군을 주둔시키기 위해서는 많은 경비가 소요된다. 따라서 유엔은 분쟁 지역의 안정이 회복될 경우 즉각 평화유지군 감축에 착수한다. 동티모르 유엔군 역시 경비 감축을 위해 규모를 줄이기로 했다. 따라서 가장 먼저 안정된 지역의 상록수부대가 철수 순위 1번이었다. 그러나 상록수부대는 현지 주민들로부터 '다국적군의 왕'이라는 절대적인 호응을 받고 있었으며, 유엔군사령부에서도 높이 평가하고 있었다. 따라서 그들은 한국군을 철수시키는 것을 망설이고 있었다. 반면 암베노 지역의 요르단군은 주민과 상당한 불화를 일으키고 있었기 때문에 유엔군사령부는 요르단 군을 철수시키고 그 자리에 한국군을 배치하기로 결정했다. 매우 이례적인 결정이었다.

상록수부대가 2003년 10월 철수할 때까지 동티모르에서 활동했던 4년간은 한국 정부와 군에도 귀중한 기회였다. 유엔 회원국이 된 이후 최초의 전투부대 파병으로 군의 국제화 및 세계화를 위한 경험을 쌓을 수 있었기 때문이다. 또 다양한 작전환경과 여건 하에서 임무수행 능력을 배양할 수 있었으며 유엔은 물론 오스트레일리아 등 관련국과 군사외교를 통해 국가의 이미지를 고양할 수도 있었다.[48]

이 외에도 아프가니스탄 전쟁인 항구적 자유 작전을 지원하기위해 육군 지원 · 건설공병지원, 해군 수송지원단(해성부대), 공군 수송지원단(청마부대)이 파병(2001.12~2007.11)되었으며, 이라크 전쟁으로 인하여 건설공병지원단(서희부대), 의료지원단(제마부대) 등 3,000명 규모의 자이툰부대가 파병(2003.4~ 2008.12)되어 이라크 평화 · 재건 활동을 지원하였다.

현재는 이스라엘과 헤즈볼라간의 정전협정을 감시하고 UNIFIL에 파병된 동명부대 359명, 아덴만 일대 해적으로부터

48 최용호, "동티모르 상록수부대 파병, 평화 유지에 주민들 · 다국적군의 왕 찬사", 『국방일보』, 2011.6.4. 참조.

우리나라 선박보호를 위해 청해부대 306명, 지진피해(2010.3)를 입은 아이티에 재건지원을 위한 단비부대 240명, 2010년 7월 아프가니스탄 재건지원단 오쉬노 부대 461명이 활동 중이다.[49]

| 출처: 파병장병을사랑하는사람들(http://cafe.daum.net/jcspao) 아이티부대의 심정시추 성공장면

---

49 국방대학교 PKO센터, 『PKO 바로알기』(대전: 국군인 쇄창, 2011), p.64.

다. 한국의 PKO 파병활동 성과

우리 군은 1964년 베트남 파병을 시작으로 현재는 14개국에 1,450여 명이 파병돼 근무하고 있다. 특히 우리 군은 파병지역에서 가장 성공적으로 임무를 수행하는 모범적인 군대의 전형으로 평가받고 있다.

베트남 전쟁 시 자유월남 수호를 위해 파병된 한국군은 가장 용맹한 군대의 상징이었다.[50] 당시 노획한 베트콩의 문서에 의하면 "100% 승리의 확신이 없는 한 한국군과의 교전을 무조건 피하라"고 명시돼 있다. 또한, 민사작전을 통해 지역민들로부터 높은 신망을 얻기도 했다.

영국의 런던 타임즈는 "만일 미군들이 한국군이 보여준 '고보이' 교훈을 배웠더라면 월남전에서 승리했을 것이다"라

50 1964년 9월 베트남 전쟁에 101 이동외과병원과 태권도 교관 단으로 구성한 제 1차 베트남 파병단(장병 64명)을 시작으로 종전 시까지 전투 및 전투지원부대 등의 대규모의 파병이 이루어졌다. 홍규덕, "베트남 참전 결정과정과 그 영향", 한국정신문화연구원 연구처, (1999), p.63.

고 보도했다. '고보이' 교훈이란 맹호부대가 작전지역 내의 고보이 평야에 댐을 건설해 3모작 농사가 가능토록 함으로써 지역민들의 민심을 얻은 일화를 일컫는다.

한편, 1999년부터 2003년까지 동티모르에서 활동한 상록수부대는 현지 주민들로부터 "다국적군의 왕"으로 불렸으며, 2004년부터 2008년까지 이라크 아르빌에 파병된 자이툰부대는 '신의 선물'로 인식되기도 했다. 이러한 배경에는 한국군이 존중과 배려의 자세로 현지인들에게 친근히 다가섰고, 지역사회 발전에도 큰 도움을 줬기 때문이다.

우리 군은 파병 지역에서 새마을 운동의 전수와 함께 기술교육센터 운용을 통해 '스스로 잘살아 보겠다.'는 자립의식을 키워 주고 다양한 기술을 제공함으로써 발전의 원동력이 됐다. 또한 의료지원과 물자공여, 학교 건립 등 다양한 민사작전을 통해 감동을 줌으로써 진정한 친구로 인식하게 된 것이다.

지금도 세계 곳곳에 파병된 한국군 장병들은 국제평화 유지를 위해 맹활약을 펼치고 있다. 레바논에서 유엔평화유지군의 모델로 평가받고 있는 '동명부대', 대지진으로 고통 받는 아이티 주민들에게 희망을 안겨 준 '단비부대', 소말리아 해상에서 해적을 퇴치하고 '아덴만 여명작전'으로 한국군의 위상을 세계에 떨친 '청해부대', 지구상에서 가장 위험한 전장으로 손꼽히는 아프가니스탄에서 지방재건팀(PRT)의 안전을 책임지고 있는 오쉬노부대, 아랍에미리트의 요청에 따라 특수전부대의 교육훈련을 지원하며 군사협력을 강화하고 있는 '아크부대', 그리고 수단과 서부사하라 등 세계 곳곳에서 개인 단위로 파병돼 정전감시와 평화유지를 위해 땀 흘리는 이들까지 모두가 국가대표이자 군사외교관으로서 대한민국의 명성을 드높이고 있다.

이와 같은 우리 군의 평화유지활동은 첫째, 군 내부적으로 국제화를 경험할 수 있는 좋은 기회로 실전경험을 통해 군사력을 강화하는 계기가 되고 있다. 과거와는 다른 형태의 위협, 즉 테러 등을 미리 경험하고 이에 대한 대응책을 준비함으로써 새로운 전쟁 환경에서 필요로 하는 독자적 작전수행 능력은 물론 연합국 혹은 동맹국과의 연합작전 수행 능력을 강화할 수 있다. 전쟁의 승패를 좌우할 수 있는 군수지원 능력과 민군 연합작전 수행 능력의 향상도 도모할 수 있다.[51]

둘째, 국제평화임무를 수행하는 군의 역할은 향후 한반도를 넘어서 국제적인 군대로서의 역할을 모색할 수 있는 기반이 될 것이다.

셋째, 우리 군의 평화유지활동은 국제사회와의 유대관계 향상을 통해 유사시 국제사회의 지원을 확보할 수 있는 전략적 기회를 제공한다. 즉 대한민국이 '자유와 평화를 수호하는 국가'라는 인식을 확산시켜 파병국가와의 우호증진은 물론, 우리 국민들의 자긍심을 고취할 수 있다.

넷째, 많은 장병이 파병을 경험하고 전역함으로써, 국제적 경험을 가진 젊은 인재들이 우리 사회를 발전시키는 원동력으로 작용할 수 있다. 이는 국가 발전에 긍정적인 요인이 되고 있다.

다섯째, 국민들로부터 사랑받는 군대, 평화지킴의 이미지를 심어줄 수 있고, 특히 청소년들에게 한국군의 활동상에 대한 자부심을 느끼게 할 수 있다.

---

51 『국방일보』, 2012.11.05.

| 출처: 파병장병을사랑하는사람들(http://cafe.daum.net/jcspao)
청해부대9진 전탐 장영근 상사의 아들. 파병환송장에서.

3. 다문화와 군대문화

가. 한국의 다문화사회로의 급속히 진입

우리나라는 지금 빠른 속도로 다문화사회로 접어들고 있다. 저 출산 고령화로 인해 인종적, 문화적, 언어적으로 다른 외국인 노동자와 결혼 이민자들의 수가 급속도로 증가하면서 2011년 3월 말 기준 우리사회의 다문화 가정 수는 15만에 이르고 있다.[52]

이러한 현상은 성씨변화에서도 읽을 수 있다. 우리나라 인구주택총조사에서 성씨와 본관이 동시에 조사된 적은 많지 않다. 1985년의 성씨는 275개, 2000년 286개로 11개가 늘어났다. 그런데 귀화인이 점차 늘어나고 있어서 우리사회의 다문화 추세는 계속될 것으로 보인다.[53]

52 원진숙 외, 『글로벌시대의 다문화 교육』, (서울: 사회평론, 2010), p.25.
53 이 자료는 성씨 및 본관을 조사했던 인구주택총조사는 2000년 조사결과에 근거하고 있다. 통계청, 『2000인구주택총조사 성씨 및 본관 집계

군 역시 그 변화의 흐름에 적응해야 한다. 전혀 다른 인종, 문화의 배경 속에 성장한 장병들이 군대에서 하나의 공동체를 구성해나가야 한다. 서로 위해 주는 마음이 있으면 인종적, 문화적 차이가 더 풍요로운 공동체를 형성하는 데 도움이 되겠지만 그렇지 않을 경우는 군의 전투력에 악영향을 끼치게 될 것이다. 이를 위해서는 법률적인 문제뿐만 아니라 내무반의 배치 및 구성, 교육훈련의 방식, 교육내용 및 예화구성 방식 등 다각적인 준비를 해야 할 것이다.

결과』, 2003.1, p.7: 귀화인 530명의 성씨는 442개로, 중국계 83개, 일본계 139계, 필리핀계 145개 및 기타 75개였다. 한자를 사용하는 중국 및 일본계는 성씨 파악이 용이하나 필리핀계 및 기타는 성씨 파악이 곤란한 점이 있다. 대표적인 성씨를 국적별로 보면 다음과 같다. 중국계(83개 성명): 蘆, 武, 岳, 汪, 藏, 焦, 叢 등(한자 71개, 한글 12개), 일본계(139개 성명): 古田, 吉岡, 吉省 등(한자 27개, 한글 112개), 필리핀계(145개 성명): 골라낙콘치타, 귈랑로즈, 글로리아알퀘아포스 등, 기타(75개 성명): 누그엔티수안(베트남계), 남캉캉마(태국계), 루비악달(방글라데시) 등

| 건군 이래 첫 다문화 가정 출신 쌍둥이 병사 육군73사단의 채수동(왼쪽)·수명(오른쪽) 형제

2011년 기준 아시아계열 다문화가정 병역의무 대상자는 연간 약 200여명이지만 다문화가정 예비 장병 규모는 점차 증가할 것으로 보인다. 더욱이 2011년 11월 1일부로 외관상 식별이 명백한 혼혈인도 현역입영이 가능해짐에 따라 그 숫자는 더 많게 될 것이다. 사회일각에서는 이러한 추세가 저출산 현상으로 인해 급격히 줄어든 병역자원을 확충하고 병영문제를 해소하는데 크게 기여할 것으로 전망한다.[54] 1990

54 국방부, 『다문화 시대의 선진강군』(대전: 국군인쇄창, 2010), p.77.

년 이후 한국 사회의 자유화 및 개방화의 흐름에 따라 이주민의 유입이 더욱 증가하게 되었다. 국제결혼의 증가, 노동인구의 국제적 이동에 따른 외국인 근로자의 유입, 북한이탈주민의 유입 등을 들 수 있다.[55]

나. 다양한 문화 공동체 변화와 대비

오늘날의 세계는 첨단 과학기술의 발달에 따라 정치 · 경제 · 사회적으로 커다란 변화와 발전을 이루어가고 있으며, 사회의 탈유대성, 초국가적 관계망의 필요성 등 이른바 격변의 시대를 맞이하고 있다. 이에 따라 미래 환경도 정체성의 복잡성을 겪게 되고 인종 등의 경계가 없어지고 다양한 융합이 통용되는 사회가 되었다.

이에 우리는 글로벌시대의 주요한 특징인 다문화 사회를 우리 삶의 일부분으로 자연스럽게 받아들이는 환경을 맞이하게 되었다. 이와 같이 다문화는 우리 민족과는 별개의 문

55 위의 책, pp.10-11.

화가 아닐 뿐더러 이미 우리 문화 깊숙하게 스며들고 있는 상태다. 통계조사에 의하면 2011년도 외국인 주민 현황이 181,671명이나 된다. 우리 주위에 외국인과 결혼한 사람이 한 집안 당 1명 정도가 될 만큼 국가를 떠난 사람이 있는가 하면 다른 나라를 선호하여 귀화해가는 사람, 우리나라를 더 선호하여 귀화해오는 사람 등 다양한 인적교류가 이루어지고 있다. 사람의 이동이 많고 그 횟수가 잦아진다는 말은 그들이 고유하게 갖고 있던 가치관과 문화가 교차한다고 할 수 있겠다.

정부 통계에 따르면 1995년 27만 명 정도였던 국내 외국인 체류자의 수는 2009년 110만 명을 넘었으며, 2050년에는 490만 명을 넘어 외국인이 전체인구의 10%를 차지할 것이라는 전망이 나오고 있다. 국적별로 외국인 구성비율을 살펴보면 조선족을 포함한 중국 국적 자가 가장 많다. 그 외에도 다양한 나라에서 외국인들이 한국으로 들어오고 있으며, 그 중 중국 및 동남아시아 지역의 외국인들이 약 80%를 차지하고 있다. 국내 거주 외국인들은 서울과 경기 지역에 집중되어 있다. 서울 30.3%, 경기 29.3%, 인천5.6%로 수도권 지역에

65.2%가 살고 있다. 이는 기업체, 공단, 대학 등이 주로 수도권에 몰려있기 때문이다.[56]

뿐만 아니라 다문화환경에서 자란 청소년들이 입대 장병으로 유입되고 있어 이들에 대한 대책을 구체적으로 수립해야 할 단계에 이르고 있다. 만에 하나 대책수립에 소홀하여 일반 장병들과 갈등관계가 조성된다면 부대 지휘 및 관리에 상당한 지장을 초래할 수 있다. 따라서 우리가 세계와 우호적인 관계를 유지하기 위해서라는 다문화문제를 적극 이해하고 갈등을 최소화하는 것이 절대적으로 필요한 과제라 할 것이다.

다. 우리민족의 다문화 경험과 자부심

오늘날 다문화라는 말을 어디서든 접하게 된다. 혹자는 단일민족을 중심으로 한 우리나라의 전통이 약해지는 것 아니냐는 우려를 하기도 한다. 하지만 우리 민족은 역사상 다양한 형태의 다문화 경험을 겪었고, 혈통 면에 있어서도 순

56 국방부, 『다문화 시대의 선진강군』(대전: 국군인쇄창, 2010), pp.13-15.

혈주의만을 고집하지 않았다.

우선 우리의 강역을 넘어서서 다른 지역으로 가서 활약한 사례이다. 신라의 최치원을 꼽을 수 있다. 그는 어린 시절 중국으로 유학을 가서 중국 과거에 급제하고, 거기서 문장가로서 황소(黃巢)의 난을 토벌한 적이 있다.[57] 다음으로 고구

---

57 최치원(857~ ?, 문성왕 19~ ?): 신라 말기의 학자 · 문장가. 본관은 경주(慶州). 자는 고운(孤雲) · 해운(海雲). 아버지는 견일(肩逸)로 숭복사(崇福寺)를 창건할 때 그 일에 관계한 바 있다. 경주 사량부(沙梁部) 출신이다. 〈삼국유사〉에 의하면 본피부(本彼部) 출신으로 고려 중기까지 황룡사(皇龍寺)와 매탄사(昧呑寺) 남쪽에 그의 집터가 남아 있었다고 한다. 868년(경문왕 8) 12세 때 당나라에 유학하여 서경(西京 : 長安)에 체류한 지 7년 만에 18세의 나이로 예부시랑(禮部侍郎) 배찬(裵瓚)이 주시(主試)한 빈공과(賓貢科)에 장원으로 급제했다. 그 뒤 동도(東都 : 洛陽)에서 시작(詩作)에 몰두했는데, 이때 〈금체시 今體詩〉 5수 1권, 〈오언칠언금체시 五言七言今體詩〉 100수 1권, 〈잡시부 雜詩賦〉 30수 1권 등을 지었다. 876년(헌강왕 2) 강남도(江南道) 선주(宣州)의 표수현위(漂水縣尉)로 임명되었다. 877년 현위를 사직하고 박학굉사과(博學宏詞科)에 응시할 준비를 하기 위해 입산했으나 서량(書糧)이 떨어져 양양(襄陽) 이위(李蔚)의 도움을 받았고, 이어 회남절도사(淮南節度使) 고변(高駢)에게 도움을 청하여 경제적인 어려움을 해결했다. 879년 고변이 제도행영병마도통(諸道行營兵馬都統)이 되어

려 유민 고선지 장군이 있다. 그는 고구려가 멸망하고 중국으로 건너가 서역 정벌에서 큰 공을 세웠다.[58]

황소(黃巢) 토벌에 나설 때 그의 종사관(從事官)으로 서기의 책임을 맡아 표장(表狀) · 서계(書啓) 등을 작성했다. 880년 고변의 천거로 도통순관 승무랑 전중시어사 내공봉(都統巡官承務郞殿中侍御史內供奉)에 임명되고 비은어대(緋銀魚袋)를 하사받았다. 이때 군무(軍務)에 종사하면서 지은 글들이 뒤에 〈계원필경(桂苑筆耕)〉 20권으로 엮어졌다. 특히 881년에 지은 〈격황소서(檄黃巢書)〉는 명문으로 손꼽힌다. (Daum 백과사전)

58 고선지 장군(?~ 755): 고구려 유민 출신의 당나라 장군. 당나라의 서역 정벌에서 뛰어난 군사전략으로 전승을 거두어 명성을 떨쳤다. 고구려가 망하자 당나라 사진교장(四鎭校將)이었던 아버지 사계(舍鷄)를 따라 당나라 안서(安西)에 가서 음보(蔭補)로 유격장군(遊擊將軍)에 등용되고, 20세 때 장군에 올랐다. 740년경 병력 2,000명을 이끌고 톈산[天山] 산맥 서쪽의 달 해부(達奚部)를 정벌한 공으로 안서부도호(安西副都護)가 되고, 이어 사진도지병마사(四鎭都知兵馬使)에 올랐다. 747년과 750년 1, 2차 서역원정에서 당나라의 중앙아시아 지배를 위협하던 토번족과 그의 동맹국인 소발률국(小勃律國) 및 타슈켄트 지방의 석국(石國) 등 서역의 여러 나라를 정벌하여 명성을 떨쳤다. 이 공으로 홍려경어사중승(鴻臚卿御史中丞), 특진겸좌금오대장군동정원(特進兼左金吾大將軍同正員)을 거쳐 개부의동삼사(開府儀同三司)가 되었다. 751년 서역 각국과 사라센의 연합군이 석국 정벌을 보

두 번째는 외부로부터 우리 강역으로 들어온 역사상의 사례들이다. 우선 고려시대 이용상(베트남 명. 리롱땅)을 들 수 있다.[59] 조선의 태조 이성계를 도와 개국공신이 된 여진족 출

복하려고 쳐들어오자, 다시 7만의 정벌군을 편성하여 탈라스(Talas) 대평원으로 제3차 원정에 출전했다. 그러나 당나라와 동맹을 가장한 카르룩[葛邏祿] 군에 의해 배후에서 공격을 받고 섬멸당해 후퇴했다. 귀국 후 하서절도사로 전임되어 우우임군대장군(右羽林軍大將軍)에 임명된 후, 755년 밀운군공(密雲郡公)에 봉해졌다. 그해 안녹산(安祿山)이 반란을 일으키자 토적부원수(討賊副元帥)로 출전했다. 그런데 마음대로 방어 담당지역인 섬주(陝州)를 떠나 동관으로 이동한 사실을 감군(監軍) 변영성(邊令誠)이 현종에게 과장하여 모함해 진중에서 참형(斬刑)되었다. 서역제국의 정벌에서 보여준 그의 뛰어난 군사전략은 후대의 역사가들에 의하여 높이 평가되었고, 탈라스 전투에서 아라비아의 포로가 된 중국인에 의해 제지법이 아라비아에 전파되었다. (Daum 백과사전)

59 이용상(李龍祥, Lý Long Tường, 1174년~?): 이용상은 베트남 리 왕조(이조)의 개국왕인 이태조 이공온(李公蘊 · Lý Công Uẩn)의 7대손이며, 6대 임금 영종 이천조(李天祚 · Lý Thiên Tộ)의 일곱 번째 아들이고, 정선 이씨의 시조 이양혼과는 종손과 종조부 사이이다. 1226년 정란을 맞아 왕족들이 살해당하자, 화를 피하기 위해 측근을 데리고 바다 너머 표류하다가 황해도 옹진 화산에 정착하였다. 당시의 고려 고종은 이를 측은히 여겨 이용상에게 그 지역의 땅을 주어 그를 화산군으로

신 이지란을 꼽을 수 있다.[60] 그리고 조선시대 임진왜란 때

봉하여 정착을 도왔다. 원나라 침입했을 때는 지역 주민들과 함께 몽골군과 싸워 전과를 올리기도 하였다. 이후 후손들이 이용상을 시조로 받들고, 본관을 화산으로 칭하였다. 그의 맏아들 간(幹)은 삼중대광, 도첨의 좌정승과 예문관 대제학을 역임했고, 둘째 아들 일청(一淸) 안동부사를 지네고 안동 내성면 토곡리에 정착했다. (위키 백과)

60 이지란(李之蘭, 1331(충혜왕 1)~1402(태종 2)): 고려 말 조선초의 장군·공신. 본관은 청해(靑海). 본성은 퉁[佟]. 본명은 쿠룬투란티무르[古倫豆蘭帖木兒]. 자는 식형(式馨). 아버지는 여진의 금패천호(金牌千戶) 아라부카[阿羅不花]이다. 이성계와 결의형제를 맺었다. 부인은 태조비 신덕왕후 강씨(神德王后姜氏)의 조카딸인 혜안택주 윤씨(惠安宅主尹氏)이다. 아버지의 직위를 물려받아 천호가 된 후 1371년(공민왕 20) 부하를 이끌고 귀화, 북청(北靑)에 거주하면서 이씨 성과 청해를 본관으로 하사받았다. 1380년(우왕 6) 이성계가 아기바투[阿其拔都 : 阿只拔都]가 지휘하는 왜구를 섬멸한 황산대첩에서 활약했고, 1385년 함주에서 왜구를 격파하는 등 무공을 세워 선력좌명공신(宣力佐命功臣)에 봉해지고 밀직부사가 되었다. 1388년 위화도회군에 참가하여 1390년(공양왕 2) 밀직사가 되었다. 이어 서해 도에서 왜구를 격파하여 지문하부사·판도평의사사를 역임했다. 1392년 명나라를 도와 건주위 여진추장 월로티무르[月魯帖木兒] 정벌에 참가하여 명에 의해 청해백(靑海伯)에 봉해졌다. 그해 조선이 건국하자 개국공신(開國功臣) 1등에 책록되고 청해군(靑海君)에 봉해졌으며 참찬

일본군의 선봉장 중의 한 사람이었다가 조선의 높은 문화수준을 동경하여 귀화한 사성(賜姓) 김해김씨의 시조인 김충선 장군이 있다.[61]

문하부사에 올랐다. 1393년(태조 2) 경상도절제사로 왜구를 막아냈으며, 동북면안무사가 되어 갑주·공주에 성을 쌓고 이 지역을 진무했다. 1397년 도순무순찰사 정도전(鄭道傳)과 함께 동북면의 주·부·군·현의 경계를 정했다. 1398년 제1차 왕자의 난 때 문하시랑평장사로서 이방원을 도와 정사공신(定社功臣) 2등에 책록되고, 1400년(정종 2) 제2차 왕자의 난 때 다시 공을 세워 좌명공신(佐命功臣) 3등에 책록되었다. 태조가 영흥에 은거하자 전투과정에서 많은 사람을 죽인 것을 속죄하고자 중이 되었다. 이성계가 일찍이 "투란(豆蘭)의 말달리고 사냥하는 재주는 사람들이 혹시 따라갈 수가 있지만 싸움에 임하여 적군을 무찌르는 데는 그보다 나은 사람이 없다"라고 할 정도로 용장이었다. 태조 묘정에 배향되었다. 시호는 양렬(襄烈)이다. (Daum 백과사전)

61 사성 김해김씨의 시조 김충선(金忠善) 장군: 그는 조선 선조 25년(1592년) 임진왜란 때 왜장 가토 기요마사(加藤淸正)의 선봉장(부사령관격)으로 참전했다. 하지만 평소 예의를 아는 조선을 동경한 데다 임진왜란이 명분이 없는 전쟁이라는 점을 들어 500여 부하를 이끌고 투항했다. 그의 이름은 '사야가(沙也可)', 나이는 21세였다. 사야가는 이후 왜군을 상대로 싸워 8차례 큰 공을 세웠다. 선조는 그에게 '김해 김씨' 성과 '충선'이란 이름을 하사한다. 임금이 내렸다고 해서 본관을 '사성

이와 같이 우리 민족은 단일한 혈통을 이어오는데 급급한 혈연중심의 민족주의를 고집하지 않았다. 다양한 인종을 뛰어넘어 우리와 함께 평화문화를 만들어나가는 데 동의하면 기꺼이 수용해왔다. 이러한 문화적 포용성은 오늘날에 그대로 반영되고 있다고 본다. 흔히 말하는 '한류'(韓流, 1990년대 말부터 중국을 비롯해 일본, 동남아시아 등지에서 일기 시작한 한국 대중문화의 선풍적인 인기 현상을 가리키는 신조어)가 전 세계적으로 풍미될 수 있는 것도 우리 민족의 역사 속에서 쉽게 찾아볼 수 있다. 대장금이나 가수 싸이의 말춤 등은 우리 민족의 다문화적 자부심을 나타내주는 좋은 예가 될 수 있을 것이다.

오늘날의 세계는 다중심 세계 안보 패러다임으로 전환되고 있다. 즉 탈 냉전이후 국제정치적 상황은 국가 간 상호의존, 협력적 안보에 대한 필요성이 증대되고 있으며, 갈등과 분쟁에 대한 예방, 국제공동체가 인권유린이나 유혈상태를 막아야 한다는 것이 최근의 경향이다.[62] 세계가 '국가 중심

(賜姓) 김해 김씨'로 정하고 시조가 됐다. 그는 이후에도 조총 제조법 등을 조선군에 전수했다. 이괄의 난, 병자호란 때도 공을 세웠다. 현재는 우록(友鹿) 김 씨로 개칭되었다. (위키백과)

세계'(state-centric world)에서 '다중심 세계'(multi-centric world)로 전환되어 가고 있다. 그래서 갈등과 대립의 조정자로서의 UN의 역할이 증대되어 가는데, 그 중심이 되는 활동이 PKO 활동이라 하겠다.

우리나라는 60여 년 전 6.25 전쟁 당시 UN으로부터 지원을 받은 바 있기에 경제수준 향상과 국제적인 위상이 격상된 현 시점에서, UN의 평화유지활동에 우리나라도 적극 참여해야 하겠다. 한국군의 파병활동은 지구촌 평화와 안보를 향한 우리의 군사외교이며, 이를 통해 대한민국의 국격을 드높이는 데 중요한 역할을 수행하고 있는 것이다.

또한 글로벌시대의 다문화 사회와 더불어 우리 군은 다문화 가정에 자라 입대하는 병사들에 대한 편협한 인식을 버리고 이들을 진정한 가족으로서 친근함을 느낄 수 있도록 인간적인 배려와 사랑으로 그들을 따뜻하게 맞이해 주어야 하고 입대 시에도 깊은 관심으로 부대생활에 잘 적응하도록

62 한국국방연구원, 『국제평화유지활동의 미래구상』(서울: 한국국방연구원, 2009) p.135.

적극 도와줘야 할 것이다.

결론적으로 국제사회의 일환으로 UN의 PKO활동에 적극 가담하는 것은 물론 거세게 밀려오는 다문화 사회를 적극이해 하여 갈등을 최소화해 나가는 것은 우리에게 부여된 시대적 소명이라 생각된다. 군복무 기간 중 해외에 파병되어 국제평화와 재건지원에 기여한다는 것은 우리 장병들에게 소중한 기회가 될 것이다. 개인의 발전은 물론, 애국심과 국가에 대한 자부심 또한 높아질 것이기 때문이다.

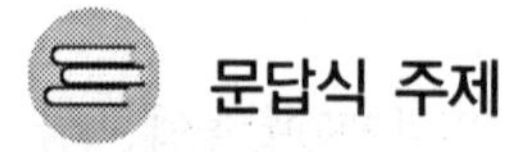

문답식 주제

1. 우리 대한민국이 맞이하고 있는 국제적인 안보 상황의 특징을 무엇이며, 그 중에서 가장 관심 있는 분야는 무엇인가? 그 이유는 무엇인가?

오늘날 우리 대한민국이 맞이하고 있는 국제적 안보는 한마디로 포괄적 안보 개념으로 확대되기에 이르렀다. 이를 정치, 경제, 사회, 환경, 군사 등의 분야로 포괄적 안보를 구분해서 정의했다.

이와 같은 안보범위 포괄성이외에도 군사안보 영역내의 질적 · 양적인 변화도 있다. 즉 전통적인 군사위협이 초국가적 · 비군사적 위협 양상을 가지되었다. 대량살상무기(WMD) 확산, 테러, 해적, 사이버 공격 등 초국가적 위협이 증대되고 전염성 질병, 자연재해, 지구온난화, 환경오염 등 비군사적 위협도 주요안보 현안으로 부상하고 있다. 동시에 영유권 분쟁, 자원 분쟁, 에너지 문제 등과 같은 비군사적 안보위협

요인들이 중요한 문제로 제기되면서 안보환경의 불확실성과 불안정성이 더욱 증대되었다.

이러한 안보개념의 복잡한 변화를 통칭하여 비전통적 안보(non-traditional security)라고 말한다. 이러한 비전통적 안보는 기존의 전통적 안보가 수직적, 수평적으로 확대되어 안보주체의 다양화와 안보영역의 확장으로 요약된다.

☞ 가장 관심 있는 분야: ______________________

☞ 이유: ______________________

2. 우리 대한민국이 맞이하고 있는 국내적인 다문화 상황의 특징과 그 예를 제시해보고, 그 중에서 가장 관심 있는 분야는 무엇인가? 그 이유는 무엇인가?

우리나라는 지금 빠른 속도로 다문화사회로 접어들고 있다. 단일 민족이라는 사실은 이제 역사의 한 장으로 존재할 뿐이다. 저 출산 고령화로 인해 인종적, 문화적, 언어적으로 다른 외국인 노동자와 결혼 이민자들의 수가 급속도로 증가하고 있다. 군 역시 다문화 군대로 나아가고 있다. 현재 우리 군대 내에는 일반장병과 외형적으로 전혀 다르지 않은 새터민 즉 북한이탈주민 출신의 장병은 물론 세계 각지의 유색혈통의 장병, 그리고 종교적 이유로 특정 음식을 섭취하지 않는 장병에 이르기까지 다양한 내 · 외적 특성을 지닌 장병들로 구성된 집단이라고 할 수 있다.

이러한 다문화 상황에서 우리의 관심을 끄는 부분은 아무래도 다문화 인구 유입의 지속적인 증가와 병영 내 다문화 가정 수의 확대이다. 따라서 우리는 이제 이들을 우리와 똑같은 형제라는 의식을 갖는 것이 무엇보다 중요하다. 또한 글로벌시대의 다문화 사회와 더불어 우리 군은 다문화 가정에 자라 입대하는 병사들에 대한 편협된 인식을 버리고 이들을 진정한 가족으로서 친근함을 느낄 수 있도록 인간적인 배려와 사랑으로 그들을 따뜻하게 맞이해 주어야 하고 입대시에도 깊은 관심으로 부대생활에 잘 적응하도록 적극 도와줘야 할 것이다.

☞ 가장 관심 있는 분야: ____________________

☞ 이유: ______________________________

3. 역사상 우리 선조들의 평화애호의 문화민족주의의 개념을 말하고, 구체적으로 우리 군대문화 속에서는 어떠한 전통이 있는지 예를 제시해보시오.

오늘날 다문화라는 말을 어디서든 접하게 되는 가운데, 혹자는 단일민족을 중심으로 한 우리나라의 전통이 약해지는 것 아니냐는 우려를 표하기도 한다. 하지만 우리 민족은 역사상 다양한 형태의 다문화 경험을 겪었고, 혈통 면에 있어서도 순혈주의만을 고집하지는 않았다. 이에는 우리 조상들이 다른 나라에 가서 활약한 사실과 다른 나라 사람들을 적극적으로 영접하여 같이 생활한 사례를 볼 수 있다. 우선 우리의 강역을 넘어서서 다른 지역으로 가서 활약한 사례로는 신라의 최치원을 꼽을 수 있다. 그는 어린 시절 중국으로 유학을 가서 중국 과거에 급제하고, 거기서 문장가로서 황소(黃巢)의 난을 토벌한 적이 있다. 다음으로 고구려 유민 고선지 장군이 있다. 그는 고구려가 멸망하고 중국으로 건너가 서역 정벌에서 큰 공을 세웠다.

두 번째는 외부로부터 우리 강역으로 들어온 역사상의 인물 사례들이다. 우선 고려시대 이용상(베트남 명. 리롱땅)을 들 수 있다. 그리고 조선의 태조 이성계를 도와 개국공신이 된 여진족 출신 이지란을 꼽을 수 있다. 또한 조선시대 임진왜란 때 일본군의 선봉장 중의 한 사람이었다가 조선의 높은 문화수준을 동경하여 귀화한 사성 김해김씨의 시조인 김충선 장군이 있다.

이와 같이 우리 민족은 단일한 혈통을 이어오는데 급급한 혈연중심의 민족주의를 고집하지 않았다. 다양한 인종을 뛰어넘어 우리와 함께 평화문화를 만들어나가는 데 동의하면 기꺼이 수용해왔다. 이러한 문화적 포용성은 오늘날에 그대로 반영되고 있다고 본다. 요즘 흔히 말하는 '한류'(韓流)가 그것이다. 이 한류문화는 1990년대 말부터 중국을 비롯해 일본, 동남아시아 등지에서 일기 시작한 한국 대중문화의 선풍적인 인기 현상을 가리키는 신조어이다. 이 한류가 전 세계적으로 풍미될 수 있는 것도 우리 민족의 역사 속에서 쉽게 찾아볼 수 있다. 대장금이나 가수 싸이의 말춤 등은 우리 민족의 다문화적 자부심을 나타내주는 좋은 예가 될 수 있을 것이다.

4. 입대이전에 겪은 다문화적 경험으로 어떤 것이 있으며, 병영생활 중에 같은 상황이 발생했을 때 어떻게 대응할 것인가? 그 이유는 무엇인가?

입대 이전에 겪은 다문화적 경험의 대표적인 사례는 의사소통의 어려움과 이의 극복이라고 할 수 있다. 이는 서로 다른 언어체계에서 오는 불편함이 초기에는 답답함으로 심리적 괴로움을 주지만 시간의 흐름과 상호간의 노력으로 결국은 새로운 언어를 자연스럽게 배우고 체득하는 긍정적 효과를 거두는 성과를 얻게 된다, 이런 면에서 수많은 이민자들에게 새로운 삶의 터를 제공해준 국가들은 경제적 발전 뿐만 아니라 문화적으로 많은 혜택을 받아왔다. 이러한 다문화적 사회를 경험한 한국 학생들은 외국어로 배우는 학습환경과 학위 외에도 값진 다문화적 관점을 얻게 되었을 것이다. 공동체로서의 조화를 중요시하는 한국사회와 개인의 개성과 주도성을 중요시하는 서양사회의 밸런스를 찾아 자기계발의 기회를 잡는 것 또한 모든 경험을 지식으로 전환시키는 방법이다. 이러한 경험은 병영생활에서 닥칠 때에도 동일한 패턴을 체험할 수 있을 것이다. 즉 처음에는 서로 불편하고 답답하지만 시간의 흐름에 따라 점차적으로 어려움을 극복하고 결국은 상호간에 새로운 언어를 배우는 좋은 경험을 하게 될 것이다.

☞ 어떻게 대응할 것인가?: ______________________

☞ 이유: ____________________________________

찾아보기

박균열 : 경상대학교 사범대학 윤리교육과 교수

학력: 경상대학교 윤리교육과, 서울대학교 대학원 석사·박사
경력: 현) 통일부 통일교육위원
서부사하라 UN PKO(MINURSO), 국군의료지원단 공보장교 역임
육군3사관학교 윤리학과 교수 역임
국방대학교 안보문제연구소 전문연구원 역임
UCLA 한국학센터 방문학자 역임
국가보훈처 국가보훈위원 역임
국방부 병영문화혁신위원회 위원(리더십·인권분과) 역임
저서: 『정신교육기본교재』(국방부, 2013, 공저), 『국가윤리교육론』(문화관광부 우수학술도서), 『국가안보와 가치교육』, 『군대와 윤리』(공저), 『국가안보와 군대윤리』(공저) 등
역서: 『음악윤리학』, 『주역과 전쟁윤리』(공역), 『국제정치에 윤리가 적용될 수 있는가』(공역), 『윤리탐구공동체교육론』(공역)(대한민국학술원 우수학술도서), 『인간안보』(공역), 『다문화주의윤리학』(공역) 등

대한민국과 국군

1판 1쇄 인쇄 2015년 05월 20일
1판 1쇄 발행 2015년 05월 25일
저 자 박균열
발 행 인 이범만
발 행 처 **21세기사** (제406-00015호)
경기도 파주시 산남로 72-16 (413-130)
Tel. 031-942-7861 Fax. 031-942-7864
E-mail : 21cbook@naver.com
Home-page : www.21cbook.co.kr
ISBN 978-89-8468-579-6

정가 10,000원